循环荷载作用下海相软土力学强度与变形特性

Mechanical strength and deformation characteristics of marine soft soil under cyclic loading

武　科　于　峰　张　廷　陆海军　著

中国建筑工业出版社

图书在版编目（CIP）数据

循环荷载作用下海相软土力学强度与变形特性＝
Mechanical strength and deformation
characteristics of marine soft soil under cyclic
loading/武科等著 . –北京：中国建筑工业出版社，
2024.9. –ISBN 978-7-112-30319-9

Ⅰ. TU43

中国国家版本馆 CIP 数据核字第 2024L6L138 号

本书主要阐述了以下 3 方面的内容：（1）通过动三轴室内试验，研究海相软土的动力特性。（2）通过带入 Monismith 经典模型，考虑了不同围压和含水率作用下海相软土累积变形的发展趋势，通过引入 Monismith 经典模型来描述海相软土的累积塑性应变，结果表明经典模型能够很好的预测文中海相软土的累积塑性应变的发展规律。（3）利用颗粒流软件对动三轴试验进行数值模拟，将数值模拟结果与试验数据进行对比分析验证模拟的准确性，并对土体细观特性进行分析。

本书可供高等院校攻读土木工程专业硕士、博士研究生，科学院所和设计院从事土木工程地基基础研究人员和设计者阅读和使用。

责任编辑：高 悦
责任校对：张 颖

循环荷载作用下海相软土力学强度与变形特性

Mechanical strength and deformation characteristics of marine soft soil under cyclic loading
武 科 于 峰 张 廷 陆海军 著

*

中国建筑工业出版社出版、发行（北京海淀三里河路 9 号）
各地新华书店、建筑书店经销
北京龙达新润科技有限公司制版
建工社（河北）印刷有限公司印刷

*

开本：787 毫米×1092 毫米 1/16 印张：6¾ 字数：168 千字
2024 年 11 月第一版 2024 年 11 月第一次印刷
定价：**48.00** 元
ISBN 978-7-112-30319-9
（43687）

前言

在近海岸工程领域，海相软土的力学特性和变形机制与陆地土体有很大不同。本书采用理论、试验和颗粒流分析方法，针对深圳地区海相软土动力特性进行了系统性研究，旨在揭示循环荷载作用下海相软土力学强度与变形特性及其影响因素，为实际工程应用提供理论依据和技术支持。为此，本书主要阐述了以下 3 方面的内容：（1）通过动三轴室内试验，研究海相软土的动力特性。通过调整不同含水率、动应力比和围压等试验条件，分析海相软土的变形特性与破坏模式。研究结果表明：累积轴向应变随着含水率增加而增大，含水率越高则应变速率越快。以 100kPa 围压条件下试样为例，含水率在 40% 至 60% 的范围内逐步增加时，土样的累积应变从 0.10% 增至 0.20%、0.80%、1.10% 直至 2.62%，每增加 5% 的含水率，土样的累积应变明显提高，含水率从 55% 增至 60% 时应变的增量尤为显著；试样在加载和卸载过程中应变范围逐步缩小，随着围压的增加，土体显示出硬化趋势，而在固定围压下，增加动应力比和含水率将导致土体软化；动弹性模量随动应变增加先缓慢下降然后上升，最终在某一点出现拐点迅速上升，表明土体先经历了应变软化后经历应变硬化过程。（2）通过带入 Monismith 经典模型，考虑了不同围压和含水率作用下海相软土累积变形的发展趋势，通过引入 Monismith 经典模型来描述海相软土的累积塑性应变，结果表明经典模型能够很好地预测文中海相软土的累积塑性应变的发展规律。（3）利用颗粒流软件对动三轴试验进行数值模拟，将数值模拟结果与试验数据进行对比分析验证模拟的准确性，并对土体细观特性进行分析。研究结果表明：加载条件下，法向接触力的分布形式呈现出"花生状"特征，轴向接触力显著高于径向接触力，切向接触力的分布呈现"椭圆状"形态。含水率越高法向接触力越高而切向接触力越低，围压增大法向接触力和切向接触力都增加；动应力比越高土体孔隙度越高，含水率、围压越大孔隙度越小。

感谢济南市勘察测绘研究院、山东菏泽牡丹黄河河务局、武汉轻工大学等单位科研工作者的支持和帮助；感谢肖文斌、许文斌硕士研究生和刘亚军博士研究生在本书试验分析与数值计算方面所做的工作。

由于作者水平有限，书中错误和不妥之处在所难免，敬请读者提出宝贵的批评意见。

目录

第一章

绪　论

1.1　研究背景

我国海岸线全长 1.8 万 km 左右，沿海经济在中国经济总量中占有十分重要的地位。沿海地区的滨海城市在近年来经济社会的快速发展中扮演了极其重要的角色。滨海城市地下空间的开发和轨道交通建设，不仅大大提高了城市的运输效率，还是一个国家交通科技和综合实力的重要标志。

然而，在沿海滨海城市进行地下空间开发和轨道交通建设时，工程师和建设者面临着不同寻常的挑战。这些地区广泛存在的海相软土，由于其独特的工程性质，如低剪切强度、高压缩性和高水敏感性等，对地下工程构成了显著的挑战。在这种软土基础上建设地铁，容易引起地基稳定性问题和结构破坏，这对于工程的安全性和可靠性构成了严峻考验。

为了应对这一挑战，采用动三轴试验等先进的土工试验方法进行细致的地质和工程性质研究至关重要。动三轴试验是一种模拟土体在实际工程中受到的动态荷载（如地铁行驶时产生的振动）的试验方法，通过该试验可以深入了解海相软土在长期循环荷载作用下的动力特性，包括其变形、强度和稳定性等方面的表现。这种研究对于设计更加安全可靠的地铁系统、预防和控制地下工程中可能出现的问题具有重要的工程意义。目前对土体力学特性的分析大多数是通过开展室内试验来测定的，但是室内试验也存在诸多困难，并不能完全复现土体的原位状态，外加试验成本高、试验流程繁琐等，都在制约着室内研究的发展。

深圳市位于珠江三角洲地区，该地区分布着广泛的海相软土，极大地影响着当地的工程建设，在深圳地区轨道交通建设过程中存在广泛的海相软土，依托深圳市城市轨道交通 12 号线，选取左炮台站至太子湾站隧道盾构区间，对区间内海相软土变形机理开展研究，左炮台站-太子湾站区间下穿三湾码头海域，隧道开挖过程受海相软土影响显著，这种淤泥质黏土具有低剪切强度、高压缩性和高水敏感性等特点，严重威胁工程安全，容易引起地基稳定性问题和结构破坏。

1.2　国内外研究现状

1.2.1　海相软土研究现状

在中国，沿海地区广泛分布着海相沉积软土层，主要包括淤泥和淤泥质土。这些软土的分布具有明显的区域性特点，可以按地理位置划分为南方地区、中部地区和北方地区三个主要区域。北方地区与中部地区的界线从秦岭开始，向东延伸至江苏的连云港；而南方地区与中部地区的界线则从南岭和苗岭开始，一直延伸到福建的莆田。具体软土分布、成因分类见表1-1。

软土分布、成因分类表　　　　　　　　　　　　　　　表 1-1

区别	海陆别	典型地区	沉积相	土层埋深	物理性质指标(平均值)								
					天然含水量	密度	孔隙比	饱和度	液限	塑限	塑性指数	液性指数	有机质含量
				(m)	(%)	(g/cm³)	—	(%)	(%)	(%)	—	—	(%)
南方地区	沿海	湛江、香港、广州	滨海	0~9	61	1.63	1.65	95	53	27	26	1.94	—
			三角洲	1~10	—	1.58	1.67	—	54	37	24	—	—
中部地区	沿海	温州、舟山	滨海	2~32	52	1.71	1.41	98	46	24	24	—	—
		温州、宁波	湖泊	1~35	51	1.67	1.61	—	47	25	24	1.34	6.5
		福州、泉州	溺谷	1~25	58	1.63	1.74	95	52	31	26	1.90	11
		长江下游	三角洲	2~19	43	1.76	1.24	98	40	23	17	1.11	—
	内陆	昆明滇池	高原湖泊	—	77	1.54	1.93	—	70		28	1.28	18.4
		洞庭湖等	平原湖泊	—	47	1.74	1.31	—	43	23	19	—	9.9
		长江中下游、淮河平原、松辽平原	河漫滩	—	47	1.75	1.22	—	39		17	1.44	—
北方地区	沿海	天津滨海、连云港、大连等	滨海	0~34	45	1.78	1.23	93	42	22	19	1.25	7.5
			三角洲	5~9	40	1.79	1.11	97	35	19	16	1.35	—

由表 1-1 可以看出，海相软土在沿海城市的分布非常广泛，其含水率普遍超过 50%，并主要分布在湖泊和海洋附近。这些区域经济发达，城市建设正处于快速发展期，涉及高速公路、地铁隧道等大型基础设施项目。然而，由于软土地区的地质条件复杂且地基软弱，这给工程建设带来了重大影响。目前，沿海地区基础设施建设面临的首要问题便是如何处理和改善软土地基的挑战。

软土是第四纪后期海进海退过程中形成的沉积黏性土，主要分布在地势较低的沿海和沿湖地区，地表常年湿润或有积水，因此这些区域常见大量喜水性植物如芦苇等的生长。这类植物的周期性生长和死亡过程导致软土中含有较多有机物。《建筑地基基础设计规范》GB 50007—2011 中将软土分为两种，包括淤泥和淤泥质土。淤泥是由生物化学作用沉积而成的，天然含水率大于液限而且土体孔隙比大于或等于 1.5；淤泥质土为天然含水率大于液限、孔隙比小于 1.5 但大于或等于 1.0 的黏性土或粉土。《岩土工程勘察规范》GB 50021—2001 和《公路路基设计规范》JTG D30—2015 中，软土被定义为天然孔隙比大于或等于 1.0、含水量大于液限的细粒土，特点是含水率高、孔隙比大、抗剪强度低。由于不同地区软土的工程特性存在明显差异，因此针对近海岸地区的软土研究具有重要意义。

目前，大量的国内外学者正在研究海相软土的工程特性，重点关注软土的压缩、应力应变等变形特性。进入 21 世纪以来，随着研究方法和手段的发展，软土研究取得了显著

循环荷载作用下海相软土力学强度与变形特性　▶▶▶▶▶

进展。Kim 等通过试验分析方法，研究了海相软土在动静围压作用下固结压缩特性。Huancollo 等利用热三轴试验装置，对排水热固结海相软土的不排水抗剪强度进行了试验，探讨了高塑性海相软土的热蠕变特性。Hassan 等结合现场和室内试验，分析了海相软土物理性质与不排水抗剪强度之间的相关性。Emmanuel 等通过室内试验，研究了添加镁橄榄石改善海洋黏土工程性能的方法。Jostad 等提出了一种新的固结仪试验方法，用于确定海相软黏土蠕变速率（各向同性）特性。Jerman 等基于海相软土的强度各向异性和速率依赖性，提出了一种增强的塑性模型。Nguyen 等针对越南陈梅港的海相软土进行了室内试验分析，系统研究了其岩土特性，包括厚度、含水量、孔隙比、压缩性、抗剪强度等力学参数。

在国内，大量学者开展了海相软土的研究工作。王清等回顾了中国沿海地区海相软土的工程地质研究，分析了这些软土对大型建设项目的影响，并综述了软土研究的进展。孔令伟等通过试验研究了海口海域软土的基本性质，包括矿物组成、有机含量等，分析了其工程性质。Mi 等探讨了广西沿海公路区域海相软黏土的成因和分布，指出了从北到南软土性能逐渐变差的"北强南弱"特征。夏唐代等通过动力固结压缩试验和核磁共振试验，研究了杭州市地铁 2 号线附近海相软土的微观结构变形机理。刘维正等对珠海代表性地区不同深度的原状土进行了次固结试验，系统研究了珠海软黏土的次固结特性及其系数。刘鹏等基于结构胶结损伤能量耗散的概念，建立了海相软土的能耗方程，推导了其弹塑性模型。于俊杰等对宁德地区四系海相软土进行了深入研究，指出了其高压缩性、高液限和高敏感性，以及外界干扰下的强度损失问题。朱楠等利用应力路径试验研究了湿地湖相黏土层的特性，分析了结构性和各向异性对应力-应变关系的影响。陶勇等通过压缩试验和三轴固结不排水剪切试验，研究了宁波原状海相软土的变形及强度差异。何绍衡等通过三轴试验研究了列车非连续荷载下原状软土地基的变形特征。Xiao-ping C 等对珠江三角洲地区的软土进行了室内试验，探讨了压缩对其力学性能的影响，并提出了定量模型。Jiao 等研究了北部湾海相软土的孔隙结构特征及其随黏土含量的变化，发现小孔隙体积随黏土含量的增加而增加，而介孔体积则减少。这些研究不仅深化了对海相软土特性的理解，也为工程设计和施工提供了重要的理论支持。

1.2.2 室内动三轴试验研究现状

动三轴试验是评估软土力学特性的关键工具之一，特别是在动力工程问题如地震工程、交通工程以及与振动相关的环境问题中。动三轴试验是土工试验的一种，它能够模拟土在现场条件下经历的复杂应力路径。软土因其较低的剪切强度和较高的可压缩性，其动力特性的研究对于确保工程结构的安全和功能至关重要。动三轴试验可以根据加载条件的不同被分为多种类型：（1）循环动三轴试验：用于模拟交变负荷作用下的土行为，如交通载荷或地震波。（2）持续动三轴试验：适用于模拟长期稳定荷载对土造成的影响，比如建筑物或其他结构的恒定重量。（3）不排水动三轴试验：在试验过程中不允许排水发生，适用于快速加载条件下的土行为研究，例如地震期间。（4）排水动三轴试验：允许水分在试样中流动，更适合模拟长期荷载作用下土的行为，如土坝和路基的长期稳定性研究。动三轴试验通过模拟软土在不同应力条件下的响应，帮助研究其非线性应力-应变行为。试验可用于研究围压变化对软土力学特性的影响，并逐渐从单一因素分析转向多因素综合影响分析，如同时考虑围压、含水率、应力路径和加载历史等。软土的动力特性研究已经成为一个跨学科领域。

总的来说，动三轴试验作为一项成熟的试验方法，在软土的研究和实践应用中扮演着越来越重要的角色。随着技术的进步，动三轴试验的精度和可靠性不断提高，为软土相关的工程设计和灾害预防提供了强有力的支持。

软土的动力特性研究集中在以下几个方面：（1）软土动变形、累积塑性变形发展的研究；（2）软土动力参数，动模量和阻尼比的研究；（3）软土的动强度和本构关系的研究；（4）软土动力破坏标准的研究。影响软土动力特性的因素有很多，包括但不限于振动次数、频率、含水率、静偏应力、循环动应力比等，国内外学者对此进行了大量的研究。

Dai 等研究了海相软土在循环荷载下的微观结构变形机制。研究发现，不同的压实围压、循环应力比和过压实比会影响软土的孔隙结构，使得土体结构中大孔隙减少，但是小孔隙增多，而且孔隙结构的分布更加有规则和方向性。Ding 等研究了人工冻结改变海洋黏土力学性质的过程。研究表明，冻融循环和动力载荷可导致软土微观结构的衰减和大孔隙的破碎。Viens 等研究了软土层放大地震波的能力，发现大动态应变可触发软土的非线性响应，包括共振频率的转移、地面运动的衰减和土液化。Hu 对厦门海洋沉积软土在不同动力载荷频率下的动态流变特性进行了试验研究，发现低频动力载荷下，软土的流变动力特性更为明显。Yang 等综述了海洋软黏土在循环荷载下的响应，包括土强度和刚度的降低，主应力旋转，过剩孔隙水压力的产生以及变形积累。Lu 等进行了一系列低频循环载荷下的不排水三轴试验，研究海相软土的变形特性，发现土样在循环载荷下会积累塑性变形和孔压，高围压、高应力比等条件下会表现出较高的变形和孔隙压力。Qiao 等统计分析了中国天津地区软土的物理和动态特性，提供了相应的范围值，并分析了不同动力学参数对设计反应谱的影响。这项研究对于从事软土研究的工作者具有重要价值。

闫春岭对软黏土的累积应变进行了探索，考察了振动次数、加载频率和动应力幅度等因素的影响。研究发现，累积应变的大小与动应力幅度成正比关系，指出动应力幅度是影响土体轴向变形的主导因素，而加载频率和振动次数的作用则较为次要。丁智等在对饱和软黏土的动力特性研究中，探讨了不同初始固结度对应变软化模型的影响，指出固结度提高会导致累积应变减少。丁祖德通过循环三轴试验，发现土体滞回圈的大小直接受循环应力幅值的影响。李剑通过研究指出，动模量受围压、固结比和振动频率的显著影响，呈正相关关系，且非饱和黏土的孔隙水压力受振动频率影响较小。孙磊等对温州重塑软黏土的研究分析了超固结比和动应力水平对土体变形的影响，并确定了动应力阈值。Dong 等的研究针对温州海相软土，通过控制不同方向和大小的循环应力值进行剪切试验，揭示了初始剪应力和相位差对剪应变及动模量的影响。冷伍明等通过大型动三轴试验对围压、含水率、动应力幅值等因素展开研究，提出了临界动应力的表达式。孟庆山等基于三轴剪切试验，分析了海洋沉积软黏土的应力-应变行为，发现不同状态下的软土（未扰动土、重塑土和过压实土）的物理-力学性质有所不同。

在工程实践中，研究受载土的累积变形一直是一项重要任务。虽然本构模型提供了一种理论上准确的方法，但其复杂性和参数确定的难度限制了在实际工程项目中的广泛应用。相对而言，经验拟合公式以其计算简便和效率高等优势，在行业中得到了更广泛的采用。

为了研究累积塑性应变与循环荷载次数之间的关系，Monismith 等通过试验研究提出了幂函数型的经验模型。在此模型基础上，Li 等加入土抗剪强度对变形能力的影响，并对模型进一步修正。Chai 等则将静态偏应力的影响因素纳入考量，对 Monismith 的模型进一步改进。Cullingf 提出了一个新模型，该模型考虑了应变速率的影响。Barksdale 针对砂土提出了一个对数型的累积塑性应变模型。周健等对建筑物受附加动荷载引起的沉降变形开展讨论并提出经验模型。刘一亮等对于软土地基变形问题开展了模型试验，并提出了一个考虑含水率影响的预测模型。最后，刘维正等研究了软土地基长期运营引起的沉降，通过分析循环三轴试验数据，提出了一个新的公式。

通过这些研究，工程界现在拥有了一系列工具来预测和控制交通基础设施在长期使用过程中的累积变形，这对于围护结构的完整性和功能性至关重要。

1.2.3 颗粒流方法研究现状

随着计算技术的进步，数值模拟成为现代工程和科学研究的重要工具，尤其在模拟复杂物理现象，如颗粒材料行为方面，展现出其独特优势。颗粒流方法（Particle Flow Code，PFC）是一种基于离散元法（Discrete Element Method，DEM）的技术，提供了研究颗粒材料动力学行为的新视角。DEM 通过模拟颗粒间相互作用来分析材料的宏观行为，适用于处理颗粒碰撞、与边界的相互作用及颗粒形状对流动行为的影响等复杂现象。作为 DEM 的具体应用，PFC 在土体力学、岩石力学和材料科学等领域广泛用于模拟颗粒碰撞、能量传递和颗粒堆积等。此外，PFC 软件还能模拟受预定边界和初始条件影响的固体，如在黏土等颗粒材料的内部应力模拟中发挥重要作用。

1971 年，Peter Cundall 首次提出了离散元分析法（DEM），并成功应用于岩石节理研究，标志着岩土力学领域的一次重大突破。1979 年，Cundal l 与 Stack 合作开发了适用于土体材料的 DEM 分析方法，并通过光弹试验进行了验证，为 DEM 技术在岩土工程领域的应用奠定了基础。加入 Itasca 公司后，Cundall 借助当时迅猛发展的计算机技术，开发了 PFC2D 和 PFC3D 等颗粒流软件，极大推动了 DEM 技术的普及和发展。随后，UDEC、3DEC 和 DDA 等离散元数值分析方法也逐渐被应用，进一步拓展了 DEM 的应用范围。这些技术被国际学者所认可，并且在岩土工程领域得到了广泛应用。中国从 1991 年王泳嘉的《离散单元法及其在岩土中的应用》出版后，DEM 技术得到广泛关注，并逐渐应用于工程领域。

近年来的研究强调了颗粒流方法及其相关软件在解决复杂岩土问题上的显著优势。例如，Tian 等利用 PFC3D 软件模拟了地震和风化作用下岩坡的动态破坏过程，显示了 DEM 在分析动态地质过程中的应用价值。He 等通过 PFC3D 对粗粒土进行蠕变试验的数值模拟，揭示了粗粒土的非线性蠕变特性。此外，邵磊使用 PFC 模拟砾石材料的三轴排水剪切试验，进一步证实了 DEM 在模拟土体力学行为方面的高度准确性。这些研究成果不仅证明了 DEM 技术在岩土工程模拟领域的有效性，也为岩土工程的理论发展和实践应用提供了有价值的支持。

为了解决室内试验成本高、试验繁琐等问题，众多学者采用了数值模拟的方法并验证了模拟的有效性。Zhang 等通过 PFC3D 软件建立了尾矿固结-不排水三轴压缩试验的模型，对尾矿的宏观和微观特性进行了深入研究。Jia-ming 等探讨了颗粒流理论在混合土三轴试验中的应用，并提出 PFC 虚拟试验可以有效替代试验室试验。Castro 等使用 PFC3D 模拟了花岗岩样本的三轴试验，发现模拟结果与试验数据吻合。随着对颗粒材料本构模型研究的深入，材料行为描述变得更加精确。Liu 等利用 PFC2D 模拟了聚氨酯聚合物材料在不同围压下的三轴循环加载试验，揭示了弹性模量随围压增加而增加的规律，并指出累积塑性应变在初期增长缓慢，后期迅速上升。

颗粒流软件的应用是对室内试验的扩展，在保证数据准确性的同时更加深了对试验的研究。通过 PFC3D 和 PFC2D 的应用，学者们对砂土及其他颗粒材料的力学性质进行了深入的数值模拟和分析。Zhao 等利用 PFC3D 对密实砂进行三轴试验的数值模拟，分析了摩擦系数对砂土应力-应变行为的影响，提供了砂土力学特性的重要洞见。Zhang 等通过 PFC2D 模拟砂土的三轴剪切试验，探讨了多个微观参数及围压对砂土宏观力学性质的影响。Liu 等使用 PFC2D 模拟加筋土的三轴压缩试验，发现加筋能显著提高土的剪切强度，并有效抑制颗粒移动。Wang 等建立了由砂土层泄漏引起的地层沉降模型，研究了土拱形成和动态变化。Jian 结合模型试验和 PFC2D，研究了水平加载下短桩周围砂土的应力和位移变化。Jia 等应用 PFC2D 模拟了土石骨料混合物的振动压实试验过程，考察了不同级配的影响。Powrie 等利用 PFC3D 对颗粒材料进行了一系列平面应变试验的数值模拟。Hou 等使用 PFC2D 研究了水平垂直增强地基基础，通过应力分布、位移矢量和接触力图分析了颗粒与增强材料的交互作用。Jian 等基于颗粒流理论，建立了具有不同颗粒接触本构关系的砂土和黏土 PFC 模型，对土力学性质进行了初步研究。这些研究不仅证明了 PFC 在模拟颗粒材料力学行为方面的有效性，也为岩土工程领域的理论与实践提供了宝贵的支持。

颗粒流软件的应用使得众多学者在宏观和微观层面的研究得到了发展。PFC（颗粒流）的应用研究涵盖了多个领域，包括砂土直剪试验、粗粒土的固结排水三轴试验、砂土中水平加载短桩周围土的应力和位移变化、砂土三轴试验、离心试验，以及不排水条件下的动三轴试验。这些研究通过改变孔隙比、颗粒刚度、摩擦系数等微观参数，深入探究了如何影响砂土和粗粒土的宏观力学参数。

第二章 ▶▶▶
循环荷载作用下海相软土的动力试验研究

2.1　引言

在海洋工程和土木工程领域，对海相软土动力特性的深入研究具有重要意义。海相软土作为一种广泛分布于沿海和河口区域的土类型，因其独特的物理和力学特性，如高压缩性、低剪切强度和高水敏性，在动态荷载作用下的反应与其他类型的土有显著不同。这些特性使得海相软土对动荷载非常敏感，可能导致不同程度的地基沉降、液化或结构失效。其在动力荷载（如地震、交通振动、机械载荷等）作用下的行为对于工程结构的安全和稳定性至关重要。

动三轴试验是一种用于评估土动力特性的试验方法。这种试验通过对土样施加控制的垂直和水平应力，模拟土在自然环境中所经历的不同应力条件。在动三轴试验中，可以对土样施加循环或振动式的荷载，以模拟地震、交通振动等动态荷载的影响。这种试验特别适用于评估土在动力荷载下的行为，包括其剪切强度、变形模量、阻尼特性等。本试验考虑不同的含水率、围压和动应力比条件，分析研究了长期循环荷载作用下海相软土的变形、强度和刚度等关键动力特性参数，试验结果有助于理解软土在不同应力条件下的行为，预测软土在动力荷载作用下的响应，提供的数据和见解对于指导海洋和土木工程中软土地基的设计和施工至关重要。

动三轴试验作为一种高效的试验手段，在软土的动力特性研究中发挥着关键作用。

2.2　土的动力特性研究

2.2.1　土的动力特性基本概念

20世纪初大量学者开始对土的动力特性进行探索，这标志着土动力学领域的诞生和发展。随着科学技术的不断进步，土动力学成为一个快速发展的研究领域。这个时期的研究主要集中于土在受到循环荷载作用下的变形问题，这些研究对今天我们理解和处理土动力问题起到了基础性的作用。

在土的动力特性研究中，根据应变的大小和影响，研究者们通常将土的应变分为三个范畴。(1) 小应变（应变小于 1×10^{-5}）：在这一范围内，土的变形主要属于弹性变形，剪切模量保持不变。以土的动弹性模量和阻尼特性为主，分析土体在荷载变化下的动态响应，如加速度和速度的变化。(2) 中应变（应变范围在 $1 \times 10^{-5} \sim 1 \times 10^{-3}$）：此时土的变形在弹性与弹塑性之间，模量会随应变变化而改变，这是土动力学研究的一个重要阶段，因为它在弹性和弹塑性之间建立了一个桥梁。(3) 大应变（应变范围大于 1×10^{-3}）：在这个阶段，变形在弹塑性至流变之间。动三轴试验主要的研究方面也在这里，因为它涉及土的动强度，这是分析地基基础以及上部结构稳定性等问题的关键。动三轴试验作为土的动力特性研究的关键工具，对于分析和预测土在实际工程条件下的行为至关重要。因此，从小应变到大应变的全范围研究对于全面理解土的动力行为至关重要。

2.2.2　土的动力特性试验方法

在土动力特性研究中，试验方法大致分为两大类别：室内试验和原位测试（现场试验）。这两种方法类别有各自的特点和优势。室内试验是在试验室环境中进行的，它允许研究人员在受控的条件下测试土样。这些试验通常集中于土的物理和力学特性，如剪切强度、压缩性、剪切模量、阻尼比等。室内试验可以精确地模拟特定的应力条件和加载路径。试验室条件下的受控环境使得能够准确设定和重复试验条件，确保数据的一致性和可靠性。允许对土的各种力学参数进行精确测量，为理论模型提供了验证和校准的基础。可以模拟各种复杂的应力条件和荷载路径，包括不同类型的动荷载。室内试验为理论研究提供了实证数据，有助于将理论应用于实际工程问题。

原位测试是直接在现场进行的测试，以评估土在自然状态下的特性。这些测试提供了关于土层整体特性的信息，通常更贴近实际工程条件。原位测试用于评估土层的密实度、强度、压缩性和动力特性。

虽然室内试验和原位测试都是土动力特性研究中不可或缺的部分，但室内试验因其精确控制的试验条件和对复杂现象的深入探究而具有独特的优势。这使得室内试验在土的基础力学研究和新技术开发中发挥了关键作用。

2.2.3　三轴试验发展历程及试验原理

动三轴试验的发展始于 20 世纪中叶，随着土力学和岩土工程领域的发展，对土体在动力荷载下行为的认识逐渐增强。最初的动三轴试验设备是在传统的静三轴试验设备基础上进行改进，增加了能够施加动态荷载的功能。随着技术的进步，动三轴仪器逐渐发展成为高度精密和自动化的设备，能够施加和控制复杂的动态荷载模式，如循环、震动和冲击荷载。现代动三轴仪器通常配备了先进的数据采集和分析系统，使得可以更精确地记录和分析土体在动荷载下的响应。动三轴试验通过设置逼近现场条件的边界条件（如围压、排水状态、上部负载等），能够更准确地模拟土体在实际工程中的行为。通过动三轴试验，可以有效分析和预测土在动荷载（如交通荷载、地震波）作用下的动力响应，包括动剪切强度、动弹性模量、阻尼比等关键参数。试验结果有助于改进土改良技术，优化结构设计，并制定有效的预防措施，以应对动力荷载可能引起的问题，如液化、沉降等。

动三轴试验是一种用于分析土体在重复或动态荷载下的行为的试验方法。这种试验通过在土样上同时施加轴向压力和径向压力，来模拟现场土体所受到的应力状态。试验中，土样被放置在密封室内，围压通过液体压力实现，轴向压力则由顶部活塞施加。动三轴试验的关键在于它能模拟并分析土体在动态荷载作用下的应力-应变关系、强度和阻尼特性。

中国三轴试验仪的发展历程始于 20 世纪 50 年代，在 20 世纪 50 年代到 70 年代，中国土力学和岩土工程的发展主要依赖于引进国外的技术和设备。最初的三轴试验仪主要是从苏联和其他西方国家引进的。这些设备在开始时主要用于教学和基础的工程测试，缺乏高级功能和精密控制。1953 年，第一台三轴仪问世，它是靠使用磅秤简单施加轴向力。1957 年，应变式三轴仪被仿制成功，而到了 20 世纪 60 年代，中国首次自主研制三轴试验仪，它是使用齿轮变速来控制轴向变形。从这时开始，国内多个科研和设计单位认可并开始使用三轴试验仪。国外的大型高压三轴试验仪，如墨西哥、日本和美国制造的，对中国三轴试验仪的发展产生了影响。中国的大型三轴仪始于 20 世纪 50 年代，直至今日，中国已经生产了多种型号的大型高压三轴试验仪，满足各种土建工程的需求。随着中国科技的快速发展，特别是在改革开放后，国内开始着重于技术创新和自主研发。这一时期，国内生产的三轴试验仪开始具备了更多功能和更好的性能。1985 年，中国水利水电科学研究院联合其他机构共同研制了高达 7000MPa 周围压力的大型三轴仪，进一步扩展了三轴试验仪的应用范围。20 世纪 90 年代到 21 世纪初，中国的三轴试验仪开始具有更高的自动化水平、更精确的测量能力和更复杂的试验模式。同时，设备开始适应更广泛的工程需求，包括高速铁路、大型水利水电工程等。近年来，随着中国在材料科学、电子技术和计算机科学等领域的突破，国产三轴试验仪器已经具备与国际先进水平相媲美的性能。

按照加载方式的不同，动三轴试验主要分为单幅和双幅加载。单幅加载是指在动三轴试验中，土样仅受到一个恒定振幅的动态荷载作用。在这种加载方式下，动应力在一个固定的振幅范围内变化。双幅加载是指在动三轴试验中，土样受到两个不同振幅的交替动态荷载作用。这种加载方式模拟了土体在不同应力水平下的动态响应。双幅加载试验常用于模拟实际工程中土体可能遭遇的复杂动态荷载，如地震中的震动，或是不同重量和速度的车辆引起的交通荷载。通过这种方法，可以更全面地评估土体的动力特性和耐久性。

2.3 土动力特性参数

滞回曲线是在一个完整的应力-应变循环过程中，动应力与动应变之间的关系曲线。它展现了土体在加载和卸载过程中的能量耗散和非弹性行为。在循环加载试验中，土体每经历一次加载和卸载，都会在应力-应变图上形成一个闭合的滞回环。滞回曲线对于评估土体的动力行为、确定其阻尼比和能量耗散能力至关重要。它直接关联到土体在动力荷载作用下的稳定性和安全性评价。

在动三轴试验中得到的应力、应变随时间变化的曲线，通过这些数据，我们可以得到动本构关系、动弹性模量和累积应变等关键动力特性。这些分析对于理解土体在复杂动荷载（如地震、交通负载）下的行为模式，对工程设计和灾害预防至关重要。

2.3.1 动弹性模量

动弹性模量通常通过动三轴试验中得到的应力-应变曲线在初始线性部分的斜率来确定。即 $E_d = \sigma_{d\max} / \varepsilon_{d\max}$。

动弹性模量是在动载作用下土体抵抗变形的刚度指标，表示土体在剪切波传播过程中的刚度。它是动荷载下的剪切模量，与土体在小到中等应变水平下的行为相关。动弹性模量是评估土体在循环荷载下行为的关键参数。滞回曲线如图 2-1 所示，滞回曲线上下两个端点间的连线斜率为动弹性模量 E_d。动应力与动应变具有如下关系式：

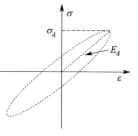

$$\sigma_d = \frac{\varepsilon_d}{a + b\varepsilon_d} \tag{2-1}$$

图 2-1 滞回曲线示意图

式中 a、b 为试验常数。其中

$$E_d = \frac{\sigma_d}{\varepsilon_d} = \frac{1}{a + b\varepsilon_d} \tag{2-2}$$

通过对试验数据进行回归分析，可得到试验常数 a、b。

动弹性模量是评价土体在动力荷载下响应的重要参数，它表征了土体的刚度或抗形变能力。动弹性模量的影响因素有很多：

（1）土的物理性质

含水率：含水率高的土体通常具有较低的动弹性模量，因为水分的存在降低了颗粒间的摩擦和接触刚度。

密实度：密实度越高，土颗粒间的接触更紧密，从而提高了动弹性模量。

土粒组成：粗粒土（如砂土）通常比细粒土（如黏土）具有更高的动弹性模量，因为粗粒土颗粒间的相互作用更强。

（2）应力状态

围压：较高的围压通常会增加土体的动弹性模量，因为压缩使得土颗粒间的接触更为紧密。

应力历史：历史最大应力的大小和加载路径对土体的动弹性模量有显著影响。经历过预压的土体可能表现出不同的弹性模量。

（3）加载条件

加载频率：加载频率的变化会影响土体的动力响应。一般而言，频率越高，动弹性模量也越高。

应变幅度：动弹性模量随应变幅度的变化而变化。在小应变条件下，动弹性模量达到最大值。

（4）土的类型和年龄

土的类型：不同类型的土（如黏土、砂土、淤泥等）具有不同的动弹性模量。

土的年龄：随着时间的推移，土体会发生老化，这可能会影响其动弹性模量。

（5）环境因素

温度：温度的变化会影响土的水分状态和颗粒间的作用力，进而影响动弹性模量。

饱和度：部分饱和土和完全饱和土的动弹性模量差异显著，主要因为孔隙水的压力和分布的不同。

2.3.2 阻尼比

它是一个无量纲的比值，表示每个循环中耗散的能量与最大弹性能量之比。可通过测量滞回曲线的面积来计算。阻尼比是评估土体在地震或其他动力作用下的能量耗散能力的重要指标。它对于地震工程和结构动力学分析具有重要意义。

阻尼比的影响因素主要有以下几点：

（1）土的物理性质

含水率：不同的含水率影响土体孔隙中的水分状态，从而影响阻尼比。

密实度：更密实的土体可能表现出更低的阻尼比，因为颗粒间的接触更紧密，能量耗散效率较低。

（2）应力状态

围压：围压的增加通常会导致阻尼比的减小，因为土体变得更加稳定，能量耗散能力降低。

应力历史：历经预压或历史最大应力的土体可能会展现出不同的阻尼特性。

（3）加载条件

加载频率：频率的不同会影响土体的阻尼特性。一般而言，频率较低时阻尼比较高。

应变幅度：在小应变区间，阻尼比通常较高，随着应变的增加而降低。

2.3.3 累积塑性应变

在动三轴试验中，土体通常会产生以下类型的应变：（1）弹性应变：当土体受到循环荷载作用时，它首先表现出弹性行为。这种应变是可逆的，即当荷载移除后，土体能恢复到其原始状态。弹性应变的产生主要是由土体颗粒间的弹性形变导致的，不会引起土体结构的永久变化。（2）塑性应变：当荷载超过土体的弹性极限时，土体将表现出塑性行为。这种应变是不可逆的，即使荷载移除，土体也无法完全恢复到原始状态。塑性应变通常与土颗粒间的滑移、重排或破碎有关，这会导致土体结构的永久变化。（3）黏弹性应变：在某些情况下，土体可能会表现出黏弹性行为，即同时表现出弹性和塑性特性。这种应变是由于土体的黏滞性和弹性共同作用的结果，特别是在长期加载或循环荷载作用下更为明显。

累积塑性应变是指土体在循环荷载作用下经历多个加载-卸载循环后积累的总应变。这通常指不可逆的、塑性的应变积累。累积塑性应变对于理解土体在交通、地震等长期动荷载作用下的行为至关重要。

塑性应变的影响因素主要有以下几点：

（1）土的物理性质

含水率：含水率较高的土体在循环荷载下更容易产生较大的塑性应变。

密实度：密实度低的土体可能表现出更高的塑性应变。

（2）加载特性

动应力幅值：较大的动应力幅值会导致更大的塑性应变。

加载次数：循环荷载次数的增加会累积更多的塑性应变。

（3）土的类型

粗粒土和细粒土的塑性应变响应不同，通常细粒土如黏土的塑性应变更明显。

2.3.4 滞回曲线

滞回曲线通常在动三轴试验中观察到，当土样在循环荷载作用下，呈现出加载和卸载路径不同的现象时，就形成了滞回曲线。滞回曲线通常呈现出椭圆或近似椭圆形状，具体形状取决于土样的类型、荷载条件以及其他测试条件。通过滞回曲线可以分析土体的能量耗散特性和非线性行为，对理解土体的动力特性至关重要。

滞回曲线是在动三轴试验中记录的，表示土样在循环加载和卸载过程中应力与应变之间关系的曲线。这种曲线能够直观地反映出土样的力学特性，包括其刚度、强度以及在反复加载下的能量耗散能力。在动三轴试验中，通过施加循环的偏应力，可以生成表征样品在动态荷载下响应的滞回环。

滞回曲线的形态特征反映了土体在动态加载下的复杂行为，包括：

（1）形状与宽度：滞回环的形状和宽度能够指示土样的能量耗散能力。一般而言，滞回环越宽，表示在循环加载过程中土样耗散的能量越多，这对于评估土体在地震作用下的稳定性尤为重要。通过分析滞回环的形状和变化，可以定量描述土体的非线性行为，这对于建立更准确的土体动力模型至关重要。

（2）刚度降低：滞回曲线随着加载次数的增加往往表现出刚度降低的特性，这是由于土体结构在重复加载过程中的破坏和重排造成的。刚度的降低反映在滞回环的"闭合"过程变得越来越宽松。

（3）强度特性：通过滞回环的极限强度点可以观察到土样的剪切强度特性。在循环加载的极限状态下，土样可能表现出软化或硬化的行为，这些特性通过滞回环的顶点和形状变化得以体现。应变软化或硬化直接影响滞回曲线的形态，包括环的宽度、形状以及闭合性。应变软化导致滞回环变窄，反映刚度降低；应变硬化则使滞回环变宽，指示刚度增加。

滞回曲线面积代表了一个加载循环中土体耗散的能量。计算这一面积，可以采用以下方法：

（1）图形法：在试验数据图表中，直接测量滞回环闭合部分的面积。这种方法简便但精度较低。

（2）数值积分法：采用数学方法计算滞回环闭合部分的面积。具体计算步骤如下：数据点采集，在动三轴试验中，记录每个循环中应力和应变的数据点；积分计算，利用数学软件或编程方法，对每个数据点进行数值积分，计算整个滞回环闭合区域的面积。

（3）分段近似法：将滞回曲线分成小段，每段近似为直线或简单的曲线形状，计算这些小段的面积并求和。

滞回曲线面积的计算能够帮助我们理解土体在动态加载下的能量耗散机制，通过详细的滞回曲线分析，能够更准确地预测和评估土体在实际工程中的动力行为。

2.4 试验方案

2.4.1 土动三轴仪简介

本文使用的是气动式全数字闭环控制反复加载三轴仪。如图 2-2 所示，这套设备通过计算机进行控制，可以控制进行应力或应变速率的加载试验。试验中采用的加载频率和量级都是经过计算机控制处理，以此保证试验的精准度。三轴室可以加载直径为 1.4 英寸和 2.8 英寸的试样，三轴内室最大压力为 100psi，外室最大压力为 200psi。

图 2-2　三轴仪

2.4.2 试样的制备

本次海相软土试样取自深圳地区，经过一系列土工试验得出试样基本物理力学指标见表 2-1。试验仪器采用气动式全数字闭环控制反复加载三轴仪，本次淤泥质黏土取土深度为 6.2～12.4m。

土的基本物理力学指标　表 2-1

液限(%)	塑限(%)	塑性指数(%)	比重	颗粒组成(%)		
				砂粒(0.02~2mm)	粉粒(0.002~0.02mm)	黏粒(<0.002mm)
63.62	37.37	26.25	1.69	18.8	58.5	22.7

试样制备过程如下：

（1）土样采集与风干：首先，需要采集土样并将其放置在通风良好的地方进行风干。风干的目的是去除多余的水分，以避免影响土的性质。

（2）碾碎与筛分：土风干后的放置于橡皮板上，用木碾将其碾碎，再通过 2mm 孔径的筛网筛分。这一步骤确保土粒的均匀性，对于试验的一致性至关重要。

（3）含水率调整：测定风干土的含水率后，根据设计含水率（如 40％、45％、50％、55％、60％）计算所需加水的质量。均匀喷洒水雾，确保土样含水率一致，并将其放置于塑料袋中浸润一昼夜备用。

（4）土样制备：以 95％的压实度制成土样。每种含水率下制备 5 个试样，共计 25 个土样。每个试样的质量误差需控制在±2g 范围内。

（5）保存处理：制备完成的试样应立即用保鲜膜包裹，以防水分蒸发，确保试验过程中土样的含水率保持稳定。

2.4.3 试验过程

（1）检查三轴仪器：在安装试样之前，首先要确保三轴试验仪器处于良好的工作状态。检查所有的连接，确保没有泄漏，并且压力系统、控制单元和数据记录设备都正常工作。

（2）准备装置：清理三轴仪器的装置部分，包括底座、顶盖和压力腔。确保它们干净无污染，特别是压力腔内的水通道应保持畅通。

（3）放置滤纸和石英砂：在底座上铺设一层细滤纸，然后在滤纸上铺设一层薄薄的石英砂，以帮助排水和均匀传递压力。

（4）安装橡胶膜：将橡胶膜小心地套在试样周围。确保橡胶膜完整无损，并且紧密地贴合在试样表面，以防止在后续试验中发生泄漏。

（5）放置试样：将包裹好的试样小心地放置在底座的中央。确保试样位置正确，垂直对齐。

（6）安装顶盖和压力腔：将顶盖放置在试样上方，并确保其正确对齐。然后，将压力腔小心地放置在底座和顶盖上，确保所有部件紧密贴合。

（7）连接水源和压力管线：连接水源和压力管线到三轴仪器上，为后续的围压施加和排水试验做准备。

（8）检查密封性：在施加压力之前，进行一次密封性检查。确保所有连接都没有泄漏，特别是橡胶膜与底座和顶盖之间的接口。

（9）施加围压：根据试验设计，向压力室缓缓注入无气水，逐步增加围压，直到达到预定值。

（10）检查并开始试验：确保所有的设置都正确无误后，开始试验。监控数据记录设备，确保整个试验过程中数据的准确记录。安装后如图 2-3 所示。

2.4.4 试验方案

为研究海相软土的动力特性，从含水率、动应力比、围压等方面进行研究分析。调整含水率，制成含水率不同，高 140mm，直径 70mm 的圆柱形试验试样。加载之前，要对试样偏压固结来模拟原位应力状态，$K_0 = 0.7$，固结时长为 24h，加载过程中围压保持不变。

含水率 w：含水率是影响土体力学性质的关键因素之一。不同的含水率会影响土体的密度、孔隙率、强度和刚度等基本特性。含水率的变化直接影响土体的稳定性。在工程

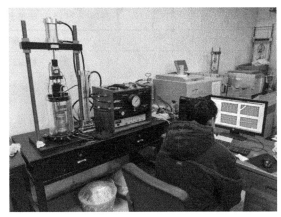

图 2-3　试样安装

实践中，土体的含水率可能因环境条件（如降雨、地下水位变化等）而发生变化。通过研究不同含水率下土体的动力特性，可以更准确地预测土体在实际工程条件下的行为。本次试验采用含水率分别为 40％、45％、50％、55％、60％。

围压 σ_c：在三轴试验中，围压是指沿径向均匀包裹土试样的外部施加的压力。这种压力通常由三轴单元中的流体施加，模拟了土元素由于覆盖土层的重量而经历的自然原位应力。为了研究不同地层条件下海相软土的动力特性，本次试验采用围压 $\sigma_c=50$、100、200kPa。

动应力比 η_d：三轴试验中的动应力是指在静应力或初始有效应力之外，施加于土试样的可变或循环轴向应力。它模拟了由于交通荷载、地震事件或波浪作用等外部因素对土施加的额外应力，导致土经历循环加载和卸载阶段。动应力比定义为动应力与围压的比值，公式为 $\eta_d=\sigma_d/\sigma_c$，σ_d 为竖向动态偏应力，σ_c 为围压。因为本试验为双幅加载，动应力比为原来的一半。本次试验采用循环应力比 $\eta_d=0.15$、0.25、0.35。

考虑含水率、围压、动应力比等因素，对海相软土的动力特性进行研究分析，相关参数定义如下：静偏应力 σ_s（s-static，静态），初始静偏应力比 η_s，动应力 σ_d（d-dynamic，动态），含水率 w、围压 σ_c（c-compress）、动应力比 η_d、振动次数 N。本次试验的试样破坏标准 5％，即试样轴向应变达 5％视为试样被破坏。

试验加载方式采用应力加载方式，如图 2-4 所示，轴向动荷载采用正弦加载，加载过程均由计算机控制。试验开始前施加静偏应力 σ_s 对试样进行偏压固结，固结完成后按照试验方案进行试验加载，加正弦动应力模拟隧道交通荷载。本次试验的终止条件按照循环振动次数控制，对于在加载过程中不发生破坏的试样，以循环振动次数达到 1000 次为限停止试验，对在加载过程中发生破坏的试样，直至试样破坏再终止试验。本次室

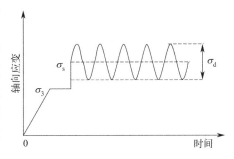

图 2-4　加载方式示意图

内试验采用的荷载频率为 0.1Hz。动应力比定义为动应力与围压的比值，因为本试验为双幅加载，动应力比为原来的一半。试验方案见表 2-2。

试样编号	含水率(%)	围压(kPa)	偏应力(kPa)	动应力(kPa)	动应力比
CT-1		50	22	15	0.15
CT-2		100	43	30	0.15
CT-3	40	100	43	50	0.25
CT-4		100	43	70	0.35
CT-5		200	86	60	0.15
CT-6		50	22	15	0.15
CT-7		100	43	30	0.15
CT-8	45	100	43	50	0.25
CT-9		100	43	70	0.35
CT-10		200	86	60	0.15
CT-11		50	22	15	0.15
CT-12		100	43	30	0.15
CT-13	50	100	43	50	0.25
CT-14		100	43	70	0.35
CT-15		200	86	60	0.15
CT-16		50	22	15	0.15
CT-17		100	43	30	0.15
CT-18	55	100	43	50	0.25
CT-19		100	43	70	0.35
CT-20		200	86	60	0.15
CT-21		50	22	15	0.15
CT-22		100	43	30	0.15
CT-23	60	100	43	50	0.25
CT-24		100	43	70	0.35
CT-25		200	86	60	0.15

2.5　循环三轴累积塑性应变分析

累积塑性应变能够反映土体在反复荷载作用下的长期变形特性。在土的动力特性研究中，累积塑性应变的分析对于理解土体在重复荷载作用下的行为至关重要。土样在每次加载后都会发生一定的塑性变形，这些变形不会在卸载时恢复，并且随着循环荷载的持续作用，这些变形会累积增加。当外部荷载保持不变时，土样的变形随着荷载循环次数的增加而增加，这通常在滞回圈中心的位移中表现出来。滞回圈中心的移动反映了土体对荷载的积累效应，即不可恢复的结构性变化。在研究累积塑性应变时，考虑循环应力比、围压，以及静偏应力等因素对累积应变、动模量的影响至关重要，这些因素共同决定了土体在循环荷载下的行为和反应。通过对这些变量的系统研究，我们可以更深入地理解和预测在不同工程条件下土体的动力响应。图 2-5 为试样 CT-14 受循环荷载后产生的轴向应变曲线，可以看出轴向应变曲线同加载曲线一样，是波形曲线，塑性应变曲线就是波形曲线最低点处的连线。本节将对累积塑性应变展开分析，所以只分析轴向应变曲线每次循环后最低点处的连线。下面将讨论不同含水率、循环应力比、围压条件下海相软土累积轴向应变与循环次数的关系。

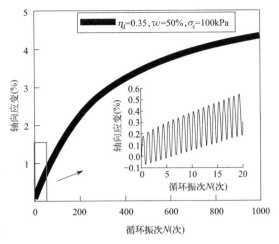

图 2-5　累积轴向应变循环三轴压缩试验结果

2.5.1　含水率影响分析

本研究通过 5×5 组室内试验，研究试样在不同围压和应力比条件下的不同含水率对塑性累积应变影响，含水率 w 分别为 $w=40\%$、45%、50%、55%、60%，围压 σ_c 分别为 $\sigma_c=50\mathrm{kPa}$、$100\mathrm{kPa}$、$200\mathrm{kPa}$，动应力比 η_d 分别为 $\eta_d=0.15$、0.25、0.35。图 2-6 为累积应变和累积应变速率与循环振次 N 的曲线图。

可以看出，累积塑性应变随水率的增加而增加，而且这种增长在加载的早期阶段最为显著。随着循环次数的增加，变形逐渐趋于稳定，这是由于土样内部结构在循环加载下的逐步调整和固结。但是最终达到的应变值不同，整体表现为随着含水率的增加，动应变逐渐增大。

如图 2-6(b) 可知，随着含水率的提升，土样的累积轴向应变显著增加。含水率在 40% 至 60% 的范围内逐步增加时，土样的累积应变从 0.10% 递增至 0.20%、0.80%、1.10% 直至 2.62%，随着每增加 5% 的含水率，土样的累积应变明显提高，尤其是在含水率从 55% 增至 60% 时，应变的增量尤为显著。如图 2-6(c)、图 2-6(d) 所示，含水率在 40% 至 60% 的范围内逐步增加时，轴向应变增加明显，试样含水率从 55% 增加到 60% 时，应变增长发生明显变化，在含水率为 60% 时，试样均在几十次振动后达到应变破坏标准甚至破坏。

软土循环的累积轴向应变速率曲线如图 2-6(a) 所示，在围压为 50kPa 条件下进行的软土循环三轴试验中，累积轴向应变速率随含水率变化展现了不同的响应模式。对于含水率较低的 40% 土样，在加载初期，轴向应变速率相对较低，在 0.2~0.5（%/min）范围内，随着循环次数增加，该速率逐渐减少至接近零。这一现象说明，在排水加载的初期阶段土体会经历明显的应变，但随着循环次数的增加，土体的后期塑性应变不再明显增加。然而，当含水率提升至 60% 时，累积轴向应变速率显著增加，几乎是低含水率时的 10 倍，说明在较高含水率下，土样的内部结构经历了显著变化，可能是因为土体结构在高含水率的影响下变得更加软化。

2.5.2　循环应力比影响分析

本研究通过 3×5 组室内试验，研究试样在不同含水率条件下的不同应力比对塑性累

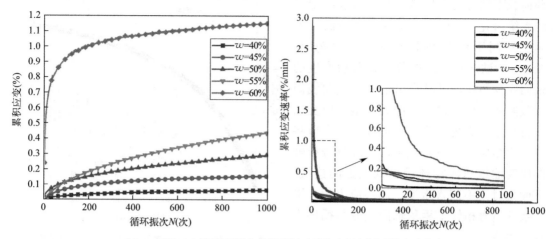

(a) σ_c=50kPa，η_d=0.15时不同含水率下轴向变形和应变速率与循环振次的关系

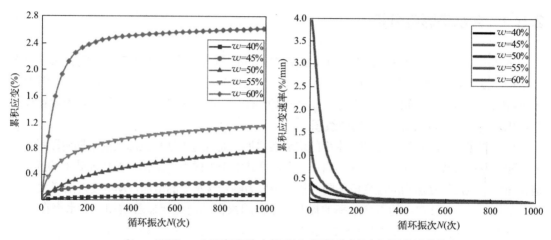

(b) σ_c=100kPa，η_d=0.15时不同含水率下轴向变形和应变速率与循环振次的关系

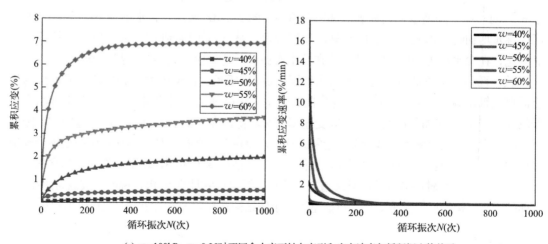

(c) σ_c=100kPa，η_d=0.25时不同含水率下轴向变形和应变速率与循环振次的关系

图 2-6 不同含水率下轴向变形和应变速率与循环振次的关系（一）

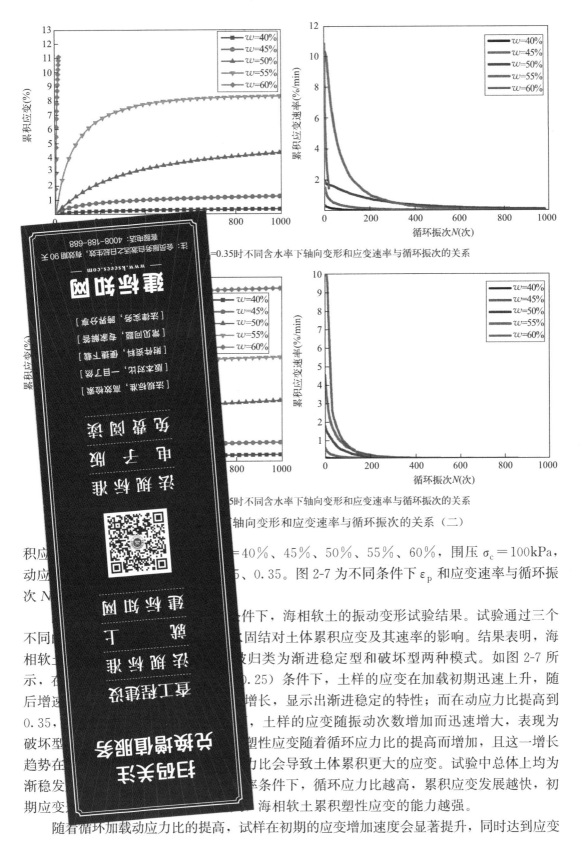

...=0.35时不同含水率下轴向变形和应变速率与循环振次的关系

...5时不同含水率下轴向变形和应变速率与循环振次的关系

...轴向变形和应变速率与循环振次的关系（二）

积应...=40%、45%、50%、55%、60%，围压 $\sigma_c=100\text{kPa}$，

动应...5、0.35。图2-7为不同条件下 ε_p 和应变率与循环振

次 N...

...件下，海相软土的振动变形试验结果。试验通过三个

不同...固结对土体累积应变及其速率的影响。结果表明，海

相软土...被归类为渐进稳定型和破坏型两种模式。如图2-7所

示，在...0.25）条件下，土样的应变在加载初期迅速上升，随

后增速...增长，显示出渐进稳定的特性；而在动应力比提高到

0.35...土样的应变随振动次数增加而迅速增大，表现为

破坏型...塑性应变随着循环应力比的提高而增加，且这一增长

趋势在...力比会导致土体累积更大的应变。试验中总体上均为

渐稳发...率条件下，循环应力比越高，累积应变发展越快，初

期应变...海相软土累积塑性应变的能力越强。

随着循环加载动应力比的提高，试样在初期的应变增加速度会显著提升，同时达到应变增长稳定状态所需的循环次数也相应减少。以图 2-7(c) 为例，当循环应力比分别为 0.15 和 0.25 时，在经历了 1000 个振动周期后，记录到的应变分别达到了 0.76% 和 1.99%。而对于循环应力比为 0.35 的情况，试样的应变曲线呈现出持续增长的趋势，在更多的振动周期之后，试样会逐渐发展到破坏。特别是如图 2-7(d) 和图 2-7(e) 所示，在循环应力比为 0.35 的情况下，样本在未经过 100 个振动周期前就已经达到破坏标准或者发生了破坏。

如图 2-7(a) 所示，动应力比对土体试样的轴向应变速率具有显著影响。随着循环动应力比的增加（具体值分别为 0.15、0.25、0.35），观察到轴向应变速率呈现显著的增长趋势，分别达到 0.08、0.17、0.38%/min。值得注意的是，当动应力比提升至 0.25 和 0.35 时，相比于 0.15 的动应力比，轴向应变速率分别增大到约 2 倍和 4 倍，揭示了应力水平对应变发展速率的强烈影响。同时，在一定围压条件下，土体试样含水率对轴向应变速率也有影响。通过调整试样的含水率至 40%、45%、50%、55% 及 60%，并在相同的动应力比（0.35）下进行试验，结果表明含水率的提高导致轴向应变速率的显著增加，具体值分别为 0.38%、1.52%、2.32%、10.0% 及 17.92%。随着含水率的增加，轴向应变速率的增长幅度亦随之扩大。尤其是当含水率达到 60% 时，应变随着振动次数的增加而迅速增长，导致试样在较短的振动周期内即发生破坏。

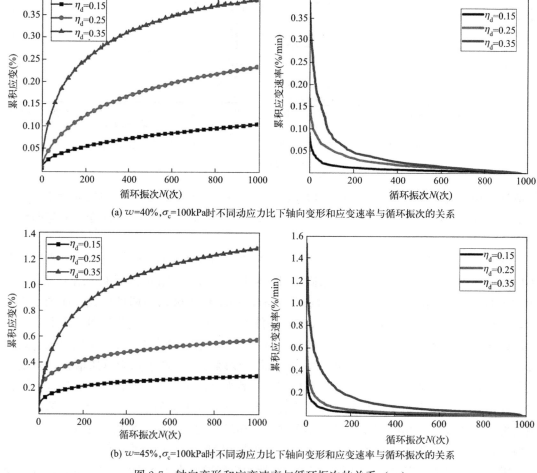

(a) w=40%, σ_c=100kPa时不同动应力比下轴向变形和应变速率与循环振次的关系

(b) w=45%, σ_c=100kPa时不同动应力比下轴向变形和应变速率与循环振次的关系

图 2-7　轴向变形和应变速率与循环振次的关系（一）

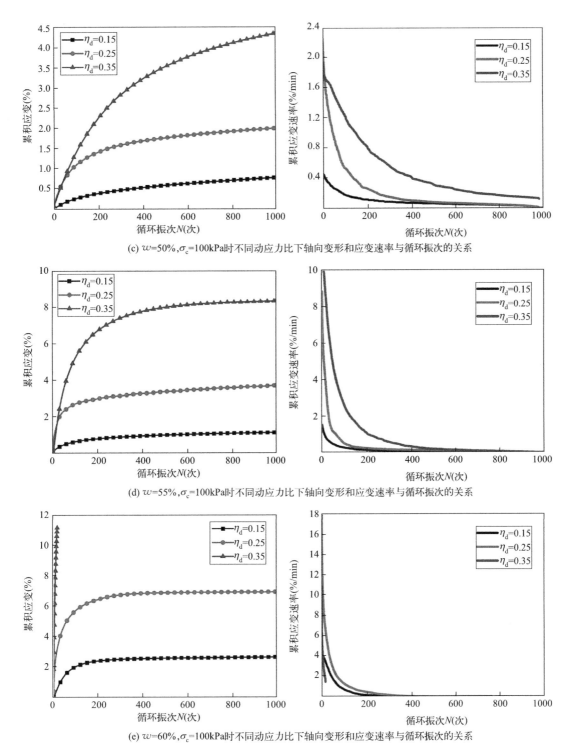

(c) w=50%,σ_c=100kPa时不同动应力比下轴向变形和应变速率与循环振次的关系

(d) w=55%,σ_c=100kPa时不同动应力比下轴向变形和应变速率与循环振次的关系

(e) w=60%,σ_c=100kPa时不同动应力比下轴向变形和应变速率与循环振次的关系

图 2-7 轴向变形和应变速率与循环振次的关系（二）

2.5.3 围压影响分析

本研究通过5×3组室内试验，研究试样在不同含水率不同围压条件下对塑性累积应变影响，含水率 w 分别为 $w=40\%$、45%、50%、55%、60%，围压 σ_c 分别为 $\sigma_c=50kPa$、$100kPa$、$200kPa$，动应力比 $\eta_d=0.15$。图2-8为不同条件下 ε_p 和应变速率与循环振次 N 的关系曲线图。

试验数据表明，在相同的振动次数下，随着围压的提高，累积应变也随之增加；从应变速率的角度来看，较高的围压条件下应变速率更快。这一现象的成因可归结于围压变化对土样结构的影响，围压的增加有助于抑制土样中裂隙的形成和扩展，从而增强土体的强度。理论上，更高的围压应当导致较低的应变值，因为土体的强度随围压增加而提高。然而，当试验在相同的动应力比下进行时，更高的围压意味着更大的应力被施加于土样，导致更高的应变值。这表明，在循环三轴试验条件下，围压提升并非是决定土体响应的主要因素。

以图2-8(a)为例，随着围压的逐步增加，土样的轴向累积应变亦随之增加，分别达到为 0.06%、0.11% 及 0.17%。在相同的动应力比下，围压对三轴试样累积轴向应变速率有显著影响。随着围压的增大，轴向应变速率相应增加，分别达到了 0.03、0.09、$0.12\%/min$。围压增加时，施加于试样的循环偏应力增大，从而导致初始累积轴向应变速率的增加。进一步地，探讨了含水率对轴向应变速率的影响，在相同动应力比及 $200kPa$ 的围压条件下，随着含水率的逐步增加（分别为 40%、45%、50%、55%、60%），轴向应变速率显著提高，具体值为 0.12、0.59、1.78、4.48、$10.25\%/min$。当含水率每增加 5%，应变速率的增长幅度表现出显著的加速，分别为 0.47、1.18、2.70、$5.77\%/min$，相对于含水率为 40% 的基线，这些增长幅度分别达到了 4.92、14.83、37.33、85.42 倍。这些数据清晰地表明，含水率的提升对于轴向应变速率的增加具有重大影响，尤其是在高含水率条件下，其影响更为显著。

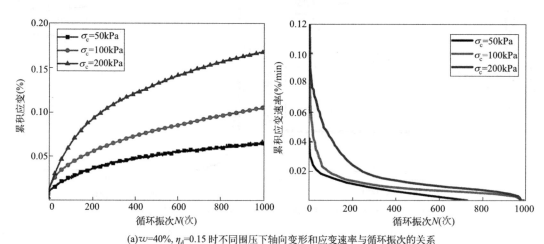

(a)$w=40\%$, $\eta_d=0.15$ 时不同围压下轴向变形和应变速率与循环振次的关系

图2-8 不同围压条件下轴向变形和应变速率与循环振次的关系（一）

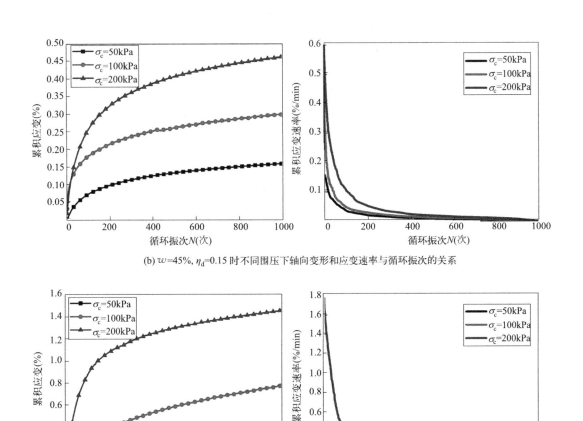

(b) w=45%, η_d=0.15 时不同围压下轴向变形和应变速率与循环振次的关系

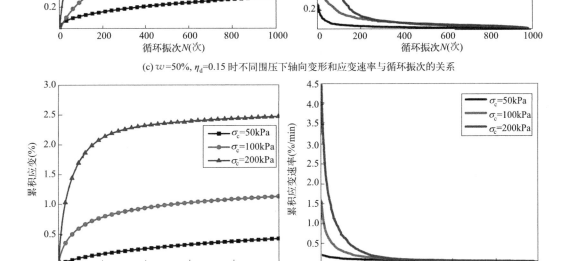

(c) w=50%, η_d=0.15 时不同围压下轴向变形和应变速率与循环振次的关系

(d) w=55%, η_d=0.15 时不同围压下轴向变形和应变速率与循环振次的关系

图 2-8　不同围压条件下轴向变形和应变速率与循环振次的关系（二）

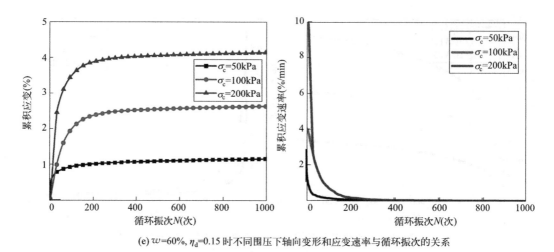

(e) $w=60\%$，$\eta_d=0.15$ 时不同围压下轴向变形和应变速率与循环振次的关系

图 2-8　不同围压条件下轴向变形和应变速率与循环振次的关系（三）

2.6　应力-应变滞回曲线形态特征研究

应力-应变滞回曲线是一个循环加卸载的发展曲线，反映了动应力循环加载过程中每一时刻的动应力与动应变之间的关系。土体的动应力-应变关系在循环荷载作用下呈现出两种特性，即非线性和滞后性。

2.6.1　滞回曲线演变分析

在对海相软土进行动三轴试验的滞回曲线形态分析中，试验采用了 0.1Hz 的动荷载频率，并设置数据采集频率为每秒 50 次，即每 0.02s 记录一次数据点，确保在 1s 的采样周期内获得足够的数据精度。借此深入探究土体在动态应力-应变条件下的行为变化。通过图 2-9 的综合展示，本研究精选了不同循环次数下的应力-应变滞回曲线，包括 10、50、100、200、400、800 次循环，以此来探讨循环载荷影响下的土体动态应力-应变特性。

滞回曲线的结果揭示了在循环荷载作用下，海相软土试样展现出明显的累积应变现象。随着循环次数的增加，每个试样的滞回环逐渐变窄，这一现象说明了土体刚度的增加和硬化行为的出现。通过对图 2-9～图 2-14 的滞回曲线进行综合分析，可以发现在经历了 1000 次循环振次之后，滞回曲线的整体形态保持相对稳定，但试样的应变仍在持续累积。随着试验的深入，试样在加载和卸载过程中所经历的应变范围逐步缩小，滞回曲线围成的面积也随之减少，显示出一种明显的收缩趋势。这表明，随着循环荷载的反复作用，土体经历了明显的硬化过程。

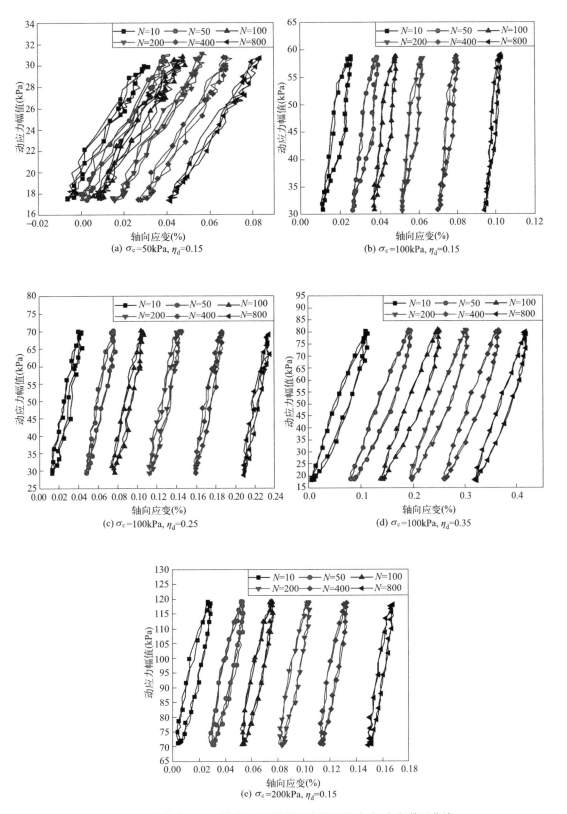

图 2-9　含水率为 40% 条件下不同循环次数下的应力-应变滞回曲线

图 2-9 所示为含水率 40% 的试样在不同围压和动应力比条件下的应力-应变滞回曲线。由图 2-9(a)、图 2-9(b)、图 2-9(e) 我们可以观察到，在相同的应力比条件下，随着围压增加，施加于试样的动应力增大。随着试验的进行，滞回曲线逐渐变得更加密集，随着循环次数的增加，试样的累积应变逐步趋于稳定，在经过 800 次循环加载后，不同围压条件下的试样展示出的应变范围分别为 0.04%～0.08%、0.092%～0.104%、0.156%～0.163%，这一变化表明应变范围随围压增加而逐步缩小，说明在这些条件下，土体表现出了硬化的趋势。进一步分析图 2-9(b)～图 2-9(d) 所示的情况，即在相同围压条件下，随着动应力比的提高，滞回曲线所围面积增大，800 次循环后试样的应变范围分别为 0.092%～0.104%、0.208%～0.228%、0.32%～0.42%。这表明应变范围随动应力比的增加而扩大，说明土体在这一系列条件下经历了软化过程。通过对比图 2-9 中的数据，可以得出结论，围压和动应力比对土体动态行为有显著影响。随着围压的增加，土体显示出应变范围的缩小和硬化趋势；而在固定围压下，增加动应力比导致应变范围扩大和土体软化的现象。

如图 2-9(a) 含水率为 40% 的试样在不同循环次数下的应力-应变滞回曲线。通过循环荷载的作用，试样展现出应变随循环次数增加（分别为 10、50、100、200、400、800 次）而逐渐增大的趋势，具体的最大应变值分别为 0.031%、0.037%、0.046%、0.055%、0.068%、0.084%。这一观察结果表明，试样在循环荷载影响下呈现出明显的硬化行为，即其抵抗变形的能力随循环次数的增加而提高，这反映了试样耗能能力的增加。进一步分析不同含水率条件下的试样行为，从图 2-10～图 2-13(a) 的数据中，我们可以看到含水率分别为 40%、45%、50%、55%、60% 的试样在 800 次循环荷载作用后，最大应变值分别达到了 0.082%、0.162%、0.275%、0.424%、1.185%。特别是含水率为 60% 的试样，在不同循环次数下的最大应变值分别为 0.718%、0.914%、1.01%、1.08%、1.12%、1.18%，展现了滞回曲线随循环次数增加而发生的显著变化，表明耗能能力的降低。随着含水率的增加，土体的最大应变值显著增大，且耗能能力降低，土体表现出了软化的趋势，这可能与水分对土体结构和粒间作用的影响有关。

其中图 2-13(d) 是含水率 60% 的试样 20 次循环后的滞回曲线，可以发现随着循环次数增加，试样的应变迅速累积，滞回曲线面积也逐渐减小。此外，随着循环次数的增加，每个循环中滞回曲线在加载和卸载过程中影响的应变范围同样呈现减小趋势。在未达到 20 次循环时，试样的累积应变已显著达到 11%，最终导致试样的完全破坏。可看出在高含水率的条件下，土体的累积应变增加迅速，在较短的循环次数内迅速进入破坏阶段。

图 2-13(c)、图 2-13(e) 中含水率 60% 的试样经历 400 次和 800 次循环荷载后，试样的滞回曲线几乎重合，与荷载初期阶段相比，滞回曲线所围成的面积显著减少并且在后续循环中基本保持不变，这暗示在每次循环中发生的塑性应变占比较低，主要以弹性变形为主。此现象的出现可归因于土体经历的压实作用。这表明，随着循环次数的增加，土体的结构性质和响应机制发生了转变，从最初的塑性应变主导逐渐过渡到以弹性应变为主的变形模式。

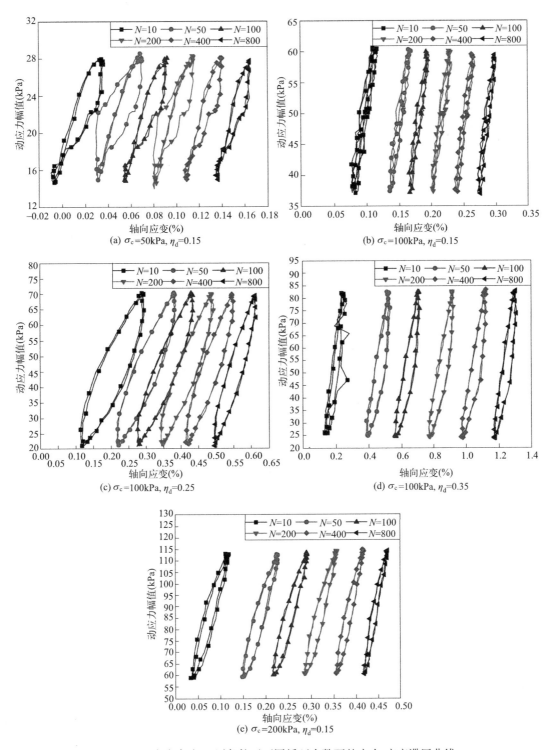

图 2-10   含水率为 45% 条件下不同循环次数下的应力-应变滞回曲线

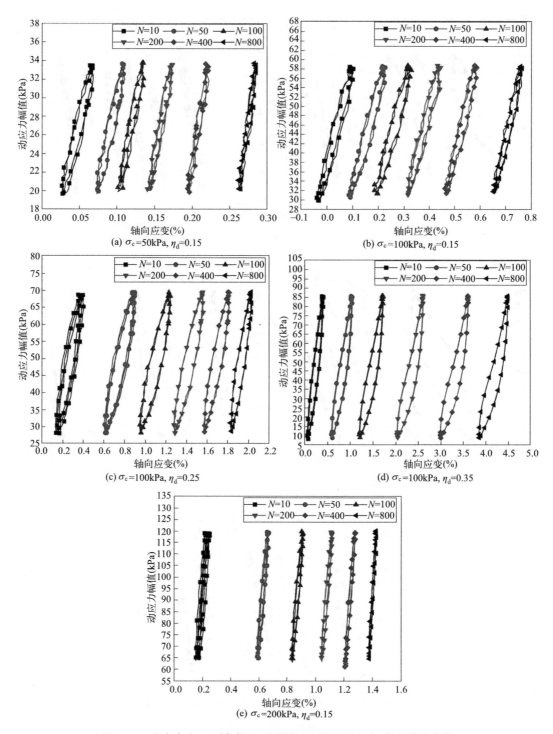

图 2-11　含水率为 50% 条件下不同循环次数下的应力-应变滞回曲线

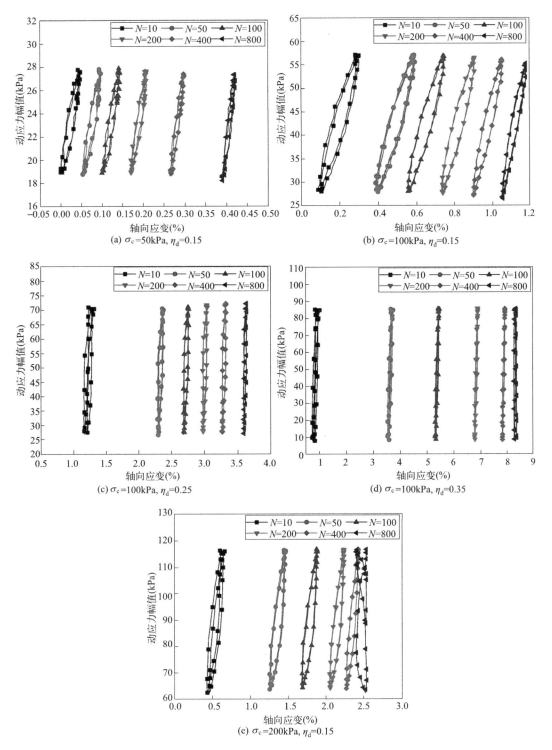

图 2-12　含水率为 55% 条件下不同循环次数下的应力-应变滞回曲线

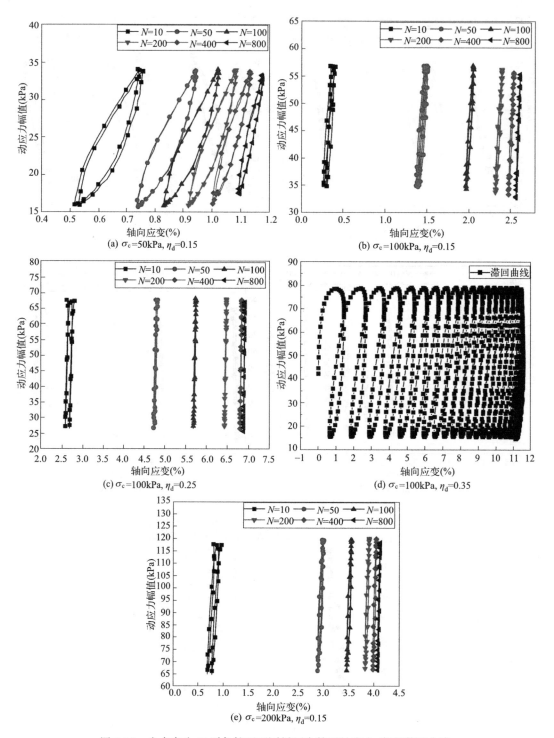

图 2-13　含水率为 60% 条件下不同循环次数下的应力-应变滞回曲线

2.6.2 滞回圈的影响因素分析

通过对滞回曲线的前 10 次循环进行详细分析，深入探讨土体在动力加载初期阶段的行为特征。初期循环不仅反映了土体的初始刚度，即其在动力加载下抵抗变形的基本能力，而且还能够揭示非线性行为的早期迹象，包括应变软化或硬化现象。进一步地，对前 10 次循环的滞回曲线分析揭示了土体的能量耗散机制。这一阶段的能量耗散表征了土体在最初的加载条件下的阻尼特性，对于评估土体在动力环境中的行为和稳定性提供了深刻的见解。同时，这一分析还可揭示土体破坏的早期迹象，为采取适时的防范措施提供依据。综上所述，本研究通过对滞回曲线前 10 次循环的细致分析，为理解土体在动力加载初期的行为特征提供了新的视角，同时也为土体动力学模型的发展和工程应用中土体行为的预测提供了重要的理论支持。

1. 不同含水率对滞回圈的影响

本节研究探讨了不同含水率条件对滞回圈的影响，选取含水率 w 分别为 $w=40\%$、45%、50%，围压 σ_c 分别为 $\sigma_c=50\text{kPa}$、100kPa、200kPa，动应力比 η_d 分别为 $\eta_d=0.15$、0.25、0.35。图 2-14 为此试验条件下试样在前 10 次循环的应力应变滞回曲线。

试验结果显示，随着循环次数的增加，所有试样的滞回曲线均呈现从松散到紧密的发展趋势。值得注意的是，随着含水率的提高，试样的应变范围显著增加，滞回圈变得更长并向轴向应变方向倾斜，这表明了较高含水率加剧了土体的软化程度。此外，单个循环周期内滞回圈的面积增大，进一步强调了高含水率条件下土体耗能能力的增强，增大了土体的软化程度。

以含水率 40% 条件下的试样作为参考对象，如图 2-14(a) 所示，在 10 次循环振次下，不同含水率试样的应变范围为 $-0.01\%\sim0.03\%$、$-0.02\%\sim0.035\%$、$0.001\%\sim0.068\%$，应变范围逐渐增大，能量耗散能力逐渐增强，可以看出，较高的含水率增大了土体的软化程度，降低了试样的抗变形能力。

由图 2-14(a)、图 2-14(b)、图 2-14(e) 可以看出，50% 含水率条件下的试样在 10 次循环振次下的应变范围分别为 $0.001\%\sim0.068\%$、$-0.07\%\sim0.11\%$、$0.01\%\sim0.25\%$，围压的增大显著影响试样的应变范围，增大了土体的软化程度。由图 2-14(b)~图 2-14(d) 可以看出，随着动应力比的增大，应力-应变滞回圈倾斜程度和面积都越大，说明较大的动应力比增大了土体的软化程度。

图 2-15 为不同条件下试样在第 10 次循环的滞回曲线对比图，可以更加清晰地看到滞回曲线的不同，如图 2-15(a)~图 2-15(e) 所示，随着含水率的增加，试样的应变范围明显增大，以图 2-15(c) 为例，试样应变范围分别为 $0.001\%\sim0.004\%$、$0.11\%\sim0.29\%$、$0.13\%\sim0.41\%$，滞回圈倾斜程度更加明显，滞回圈的面积增大。由图 2-15(a)、图 2-15(b)、图 2-15(e) 可以看出，围压的增大对应变累积程度影响明显，围压越大，第 10 次循环达到的累积应变越大。由图 2-15(b)~图 2-15(d) 可以看出，应力比的增大，对含水率高的试样影响明显，滞回圈显示出倾斜程度和面积增大。

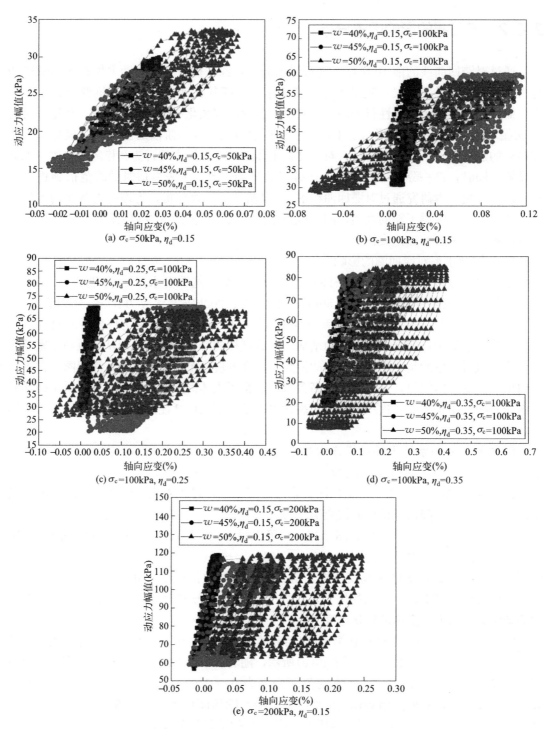

图 2-14 不同含水率条件下前 10 次循环应力-应变曲线图

2. 不同动应力比对滞回圈的影响

本节研究试样在不同动应力比对滞回圈的影响，选取含水率 w 为 $40\%\sim60\%$，围压 $\sigma_c=100\text{kPa}$，动应力比 η_d 分别为 0.15、0.25、0.35。图 2-16 为此试验条件下试样在前

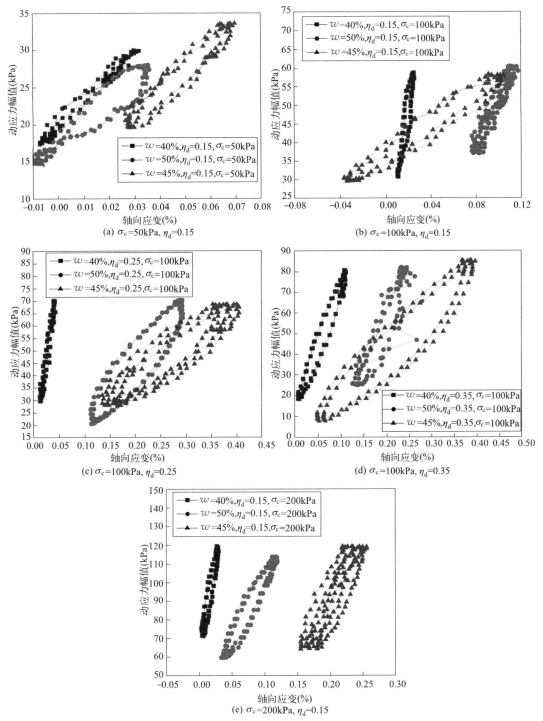

图 2-15　不同条件下试样在第 10 次循环的滞回曲线

10 次循环的应力应变滞回曲线。

如图 2-16（a）所示，在 10 次循环振次下，试样的应变范围为 $-0.01\%\sim0.03\%$、$-0.01\%\sim0.042\%$、$-0.02\%\sim0.12\%$，应变范围增大，能量耗散能力增强。同一含水率条件下，滞回曲线发展规律均呈现由松散到紧密的趋势，随着动应力比的增大，试样的应变范围为也明显增大单个循环周期内滞回圈的面积增大，说明动应力比增大了土体的软化程度。由图 2-16(a)～图 2-16(e)可以看出，随着含水率的增加，滞回曲线不断右移，动应力比为 0.35 的试样在不同含水率条件下 10 次循环振次达到的最大应变分别为 0.12%、0.25%、0.41%、0.95%、4.5%，10 次循环振次下达到的累积应变不断增大，土体软化明显。

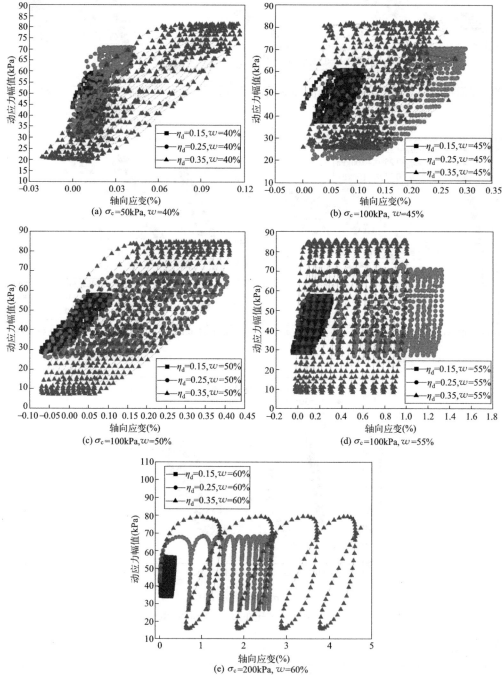

图 2-16 不同动应力比条件下前 10 次循环应力-应变曲线图

图 2-17 为不同动应力比条件下试样在第 10 次循环的滞回曲线对比图，可以更加清晰地看到滞回曲线的不同，如图 2-17(a)～图 2-17(e)所示，动应力比的增大对应变累积程度影响明显，动应力比越大，第 10 次循环达到的累积应变越大。应力比的增大，对含水率高的试样影响明显，滞回圈的倾斜程度和面积都越来越大，能量耗散能力变强。

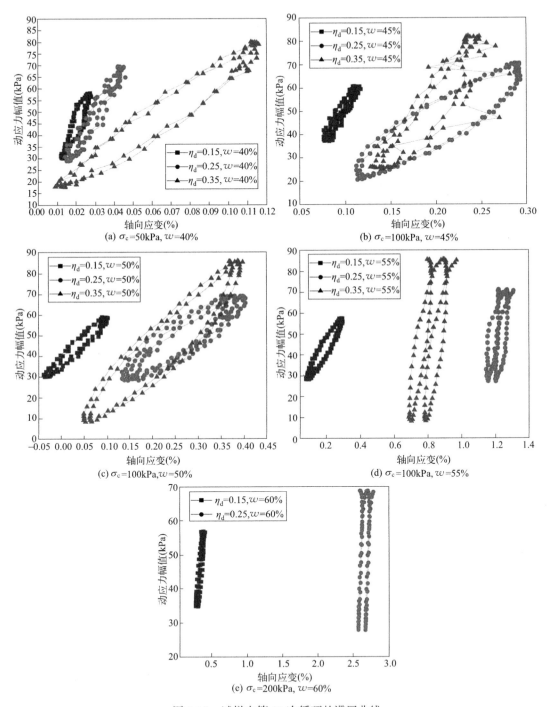

图 2-17 试样在第 10 次循环的滞回曲线

3. 不同围压对滞回圈的影响

本节研究试样在不同围压对滞回圈的影响，选取含水率 w 分别为 $w=40\%$、45%、50%、55%、60%，围压 σ_c 分别为 $\sigma_c=50\text{kPa}$、100kPa、200kPa，动应力比 $\eta_d=0.15$。图 2-18 为此试验条件下试样在前 10 次循环的应力应变滞回曲线。

如图 2-18（a）所示，相同动应力比条件下，围压越大，施加的动应力越大，可以看出，在 10 次循环振次下，不同围压条件下应力-应变滞回圈的发展形式相似，都是呈疏密-紧密发展。滞回圈随着累积塑性应变的增长而逐渐变密，围压越大的滞回圈，整体面积越大，应变范围也越大，能量耗散能力逐渐增强，表明吸收和损耗的能量随着围压的增大而增大。

由图 2-18（a）～图 2-18（e）可以看出，随着含水率的增加，滞回曲线不断右移，200kPa 试样在不同含水率条件下 10 次循环振次达到的最大应变分别为 0.03%、0.12%、0.24%、0.68%、1.0%，10 次循环振次下达到的累积应变不断增大，土体软化明显。

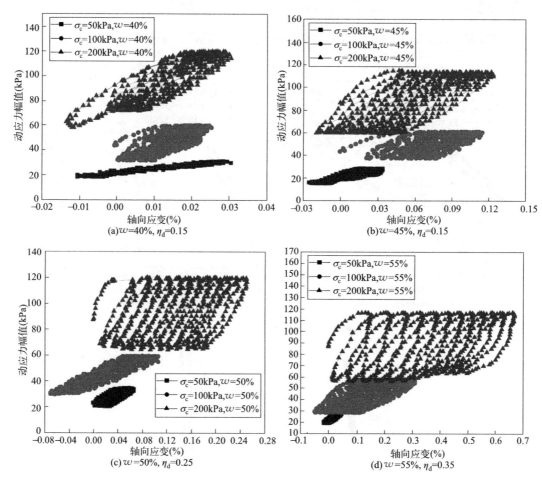

图 2-18 不同围压条件下前 10 次循环应力应变曲线图（一）

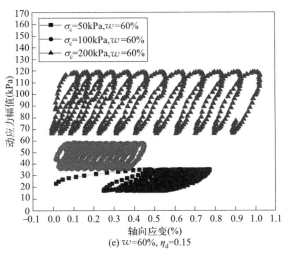

(e) w=60%, η_d=0.15

图 2-18　不同围压条件下前 10 次循环应力应变曲线图（二）

图 2-19 为不同条件下试样在第 10 次循环的滞回曲线对比图，可以更加清晰地看到滞回曲线的不同，如图 2-19（a）～图 2-19（e）所示，围压的增大对应变累积程度影响明显，围压越大，第 10 次循环达到的累积应变越大。围压越大，滞回圈的倾斜程度和面积都越来越大，能量耗散能力变强，同时可以看出，随着含水率的增加，试样的应变范围为明显增大，单个循环周期内滞回圈的面积也有所增大。

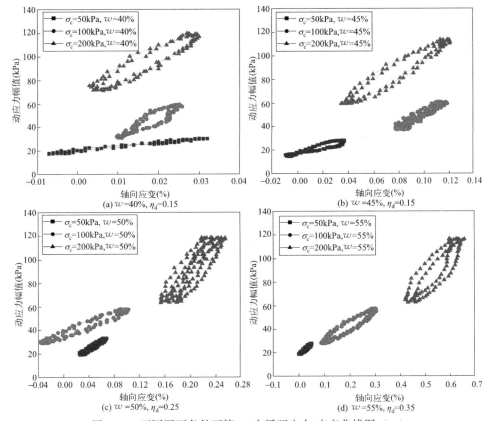

图 2-19　不同围压条件下第 10 次循环应力-应变曲线图（一）

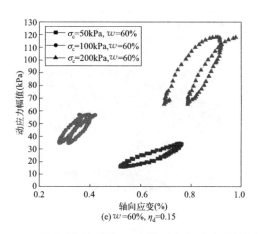

图 2-19　不同围压条件下第 10 次循环应力-应变曲线图（二）

2.7　动弹性模量研究

动弹性模量（Dynamic Modulus of Elasticity）是评估材料在动态荷载（如振动、冲击等）作用下的弹性特性的一个重要参数。它反映了材料在受到动态荷载时的刚度和变形能力，是材料动态响应特性的重要指标。

2.7.1　不同含水率下动弹性模量变化规律分析

本节研究试样在不同含水率对动弹性模量的影响，选取含水率分别为 $w=40\%$、45%、50%、55%、60%，围压分别为 $\sigma_c=50\text{kPa}$、100kPa、200kPa，动应力比分别为 $\eta_d=0.15$、0.25、0.35。图 2-20 为此试验条件下试样在动弹性模量与累积塑性应变的关系曲线。

从图 2-20 中可以看出，随着加载的进行，动弹性模量随动应变增加先缓慢下降然后上升，最终在某一点出现拐点迅速上升，表明材料先经历了应变软化后经历应变硬化过程。分析原因可能为，海相软土含有大量的水分和微小孔隙，初期加载可能导致这些孔隙和微裂纹闭合，导致有效承载面积增加，但整体刚度降低，表现为动弹性模量的初期下降。同时初期荷载还可能引起土颗粒的重新排列，使得土体结构在初始阶段更加松散，进一步降低动弹性模量。随着加载的继续，土体内部颗粒逐渐压紧，孔隙率减小，土体变得更加密实，这增强了土体的承载能力，导致动弹性模量逐渐上升。颗粒间接触面积的增加导致摩擦力增加，从而增强了土体的整体刚度。在更高的应变水平下，土体可能经历应变硬化现象，其中土体的颗粒结构在受到持续应力作用下变得更加紧密和稳定，导致动弹性模量的迅速增加。最终，土体的颗粒可能达到一种"锁定"状态，颗粒间的相互嵌挤和摩擦达到最大，使得土体在较大的应变下显示出较高刚度和强度，此时动弹性模量会在拐点处迅速上升。

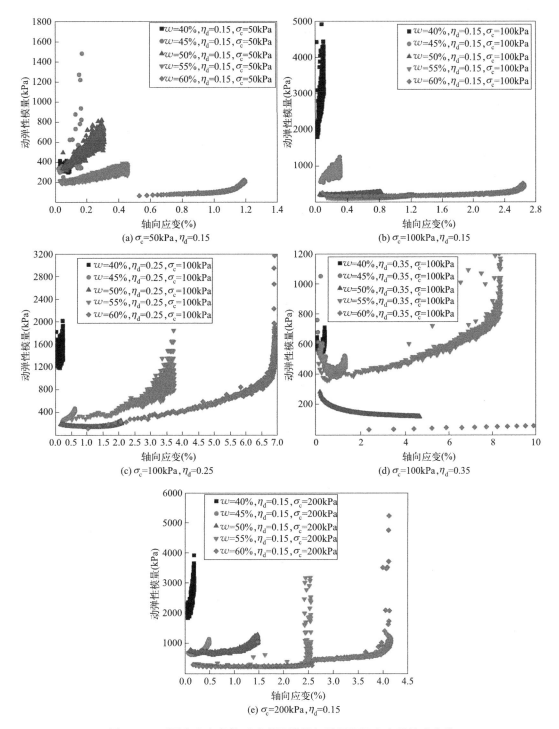

图 2-20　不同含水率条件下动弹性模量与累积塑性应变的关系曲线

从图 2-20 中可以看出，不同含水率试样动弹性模量变化的趋势相同，但大小不同，含水率越高动弹性模量越低，如图 2-20（a）所示，含水率从 45% 增加到 60%，弹性模量最大值分别为 1500、800、400、200MPa，又可以看出，高含水率条件下，动弹性模量上升最慢，在前期保持平缓，随着应变增大后期上升较快，动弹性模量更低，上升更慢，含水率从45%增加到60%，弹性模量最大值对应的应变分别为0.18%、0.3%、0.46%、1.2%。说明随着含水率的增大材料发生了软化，分析原因为含水率的提高影响了土体骨架结构，使其更容易软化。

由图2-20(a)、图2-20(b)、图2-20(e)可以看出，不同围压对动弹性模量影响明显，围压越大，动弹性模量越大，试样能达到的应变也越大，当应变达到一定程度时，动弹性模量曲线会产生拐点突然增加，分析原因为动态加载导致颗粒重新排列，使土体材料变得更加密实。这种应力诱导的密实化过程会提高材料的动弹性模量，使土体颗粒能够通过重新排列而更有效地传递荷载。由图2-20(b)～图2-20(d)可以看出，高动应力比水平下动弹性模量上升更慢，以55%含水率为例，到达拐点所需应变分别为1.2%、3.8%、8.2%，动应变的增加量更大，上升更慢，动弹性模量的拐点右移，动应力比水平越高，动弹性模量终值越小，试样的破坏程度越大。

2.7.2　不同动应力比下动弹性模量变化规律分析

本节研究试样在不同动应力比对动弹性模量的影响，选取含水率分别为 $w=40\%$、45%、50%、55%、60%，围压 $\sigma_c=100\text{kPa}$，动应力比分别为 $\eta_d=0.15$、0.25、0.35。图2-21为此试验条件下试样在动弹性模量与累积应变的关系曲线。

从图2-21中可以看出，不同动应力比条件下动弹性模量变化的趋势相同，但大小不同，动应力比越高，动弹性模量越低，产生的应变也越大，如图2-21(a)所示，动应力比为0.15、0.25、0.35时，动弹性模量最大值分别5000、2000、600MPa，动应力比越高，动弹性模量上升越慢，动弹性模量拐点越向应变增加方向移动，试样的破坏程度越大，如图2-21(a)所示，最大应变分别为0.11%、0.25%、0.43%。

从图2-21(a)～图2-21(e)可以看出，含水率越高，动弹性模量越低，曲线弯曲的趋势越明显，动应力比为0.15的试样在不同含水率条件下达到的最大动弹性模量分别为5000、1300、320、300、200kPa，含水率越高，动弹性模量上升越慢，动应变的增加量更大。说明随着含水率的增大材料发生了软化，分析原因为含水率的提高影响了土体骨架结构，使其更容易软化。

2.7.3　不同围压条件下动弹性模量变化规律分析

本节研究试样在不同围压对动弹性模量的影响，选取含水率分别为 $w=40\%$、45%、50%、55%、60%，围压分别为 $\sigma_c=50\text{kPa}$、100kPa、200kPa，动应力比 $\eta_d=0.15$。图2-22为此试验条件下试样在动弹性模量与累积塑性应变的关系曲线。

从图2-22中可以看出，不同围压条件下动弹性模量变化的趋势相同，围压越大这种趋势越明显，分析原因可能为在较高围压下，土体内部原有的微裂纹和孔隙在早期加载过程中更容易被压紧和闭合，这种效应在高围压下更加显著，从而导致动弹性模量的初期下降和后期上升趋势更为明显。如图2-22(c)所示，随着围压增加，动弹性模量先增大后减小，弹性模量最大值分别为200、4200、3800MPa。

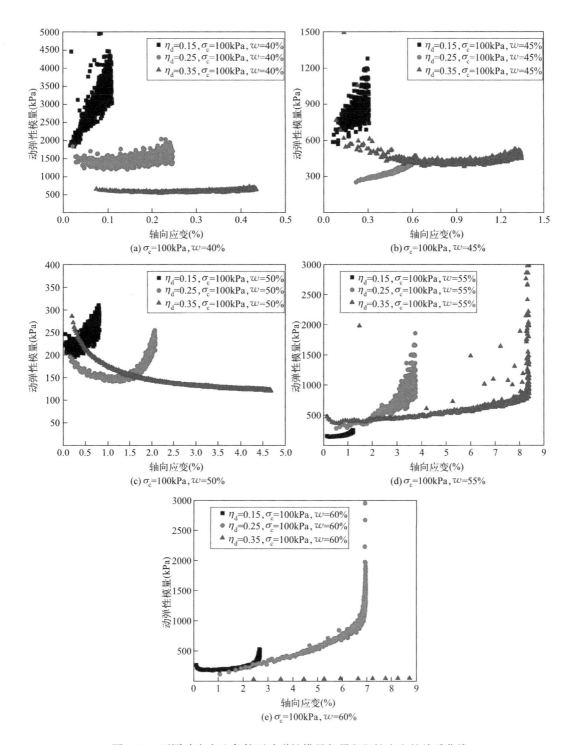

图 2-21　不同动应力比条件下动弹性模量与累积塑性应变的关系曲线

　　从图 2-22(a)～图 2-22(e)可以看出，不同含水率条件下动弹性模量变化的趋势相同，但大小不同，含水率越高动弹性模量越低，曲线弯曲的趋势越明显，含水率越高，动弹性模量上升越慢，动应变的增加量更大。说明随着含水率的增大材料发生了软化。

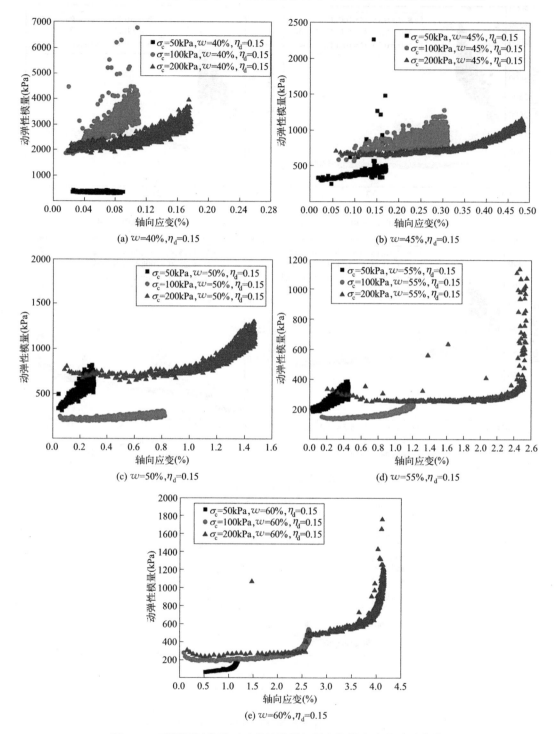

图 2-22 不同围压条件下动弹性模量与累积塑性应变的关系曲线

第三章

循环荷载下累积塑性应变模型

3.1 累积塑性应变的研究方法

研究土体在循环荷载下累积塑性应变主要采用三种方法：数值模拟法、等效静荷载法和经验模型法。数值模拟法依赖于动力固结理论和土的本构模型，通过精细的数值计算来预测土体在每个加载步骤的孔压和变形，以此来计算最终的累积应变，但这种方法计算复杂，对实际工程的应用存在一定的难度。等效静荷载法通过将动力荷载简化为静荷载进行分析，但忽略了动力荷载引起的一些参数变化，导致计算结果存在较大误差。经验模型法基于大量的动三轴试验数据，分析土体变形和孔压的变化，形成的经验模型虽然缺乏理论基础，但结果更接近实际情况，在工程中应用较广。本章将利用动三轴试验的研究成果，讨论不同含水率和围压条件下海相软土累积塑性应变的模型。

3.2 塑性累积应变模型介绍

当前，循环荷载下土体变形的预测主要依赖于经验模型。尽管国内外学者已通过大量的试验研究对饱和软土的累积塑性应变建立了多种经验模型，但这些模型由于土体的各向异性和试验条件的差异，往往在实际应用中受限。因此，目前广泛应用的仍是基于大量试验数据提出的经验模型。

（1）Barksdale 模型

Barksdale 对碎石砂土进行了振动频率 $0.5\mathrm{Hz}$ 的动三轴试验，提出了对数方程式：

$$\varepsilon = a + b\log N \tag{3-1}$$

式中　ε——累积塑性应变；

　　N——循环次数；

　a，b——试验参数。

（2）Monismith 模型

Monismith 等提出的经验模型在实际工程中使用该模型计算累积塑性变形较为方便，其中 A 的取值对累积应变影响很大，B 则与土壤的类型有关。

$$\varepsilon = AN^B \tag{3-2}$$

式中　ε——累积塑性应变；

　A，B——试验参数；

　　N——循环次数。

（3）Li 和 Selig 模型

Li 和 Selig 考虑土的静强度及土的物理性质的基础上提出修正：

$$\varepsilon = a\left(\frac{q_d}{q_f}\right)^m \left(1+\frac{q_s}{q_f}\right)^n N^b \tag{3-3}$$

式中　ε——塑性累积应变；

　q_d——动应力水平；

　q_s——土的静强度；

　　N——循环次数；

A、b、m 与土性质相关的试验参数。

在循环荷载下研究土体累积塑性应变的研究领域，不同学者提出了各种模型和理论，以提高对土体变形行为的预测精度。张勇通过考虑动应力比的影响，将应变曲线分类为稳定型、破坏型和临界型，并采用双曲线模型来描述这些曲线。臧濛对双曲线模型进行了进一步分析和修正，考虑到了波形和动应力的影响。王军研究了循环应力比、加载频率、超固结比等因素的影响，并引入了软化指数，将其模型与Iwan 模型结合用于累积塑性应变的预测分析。大多数现有模型基于 Monismith 模型进行修正，这些修正模型在实际应用中显示出较强的实用性。Monismith 模型说明了随着加载周期数 N 的增加，累积应变 ε 会持续增大，在循环次数较少或低循环应力水平作用下，模型能够提供一定的预测准确性。本研究采用了经验拟合方法，旨在通过分析室内动态三轴试验结果来拟合并优化 Monismith 模型，以期提供更精确的累积塑性应变预测。

3.3　模型参数的选取

本研究通过室内试验数据基于 Monismith 模型对累积应变曲线进行了拟合，拟合结果如图 3-1 所示。拟合参数列于表 3-1 中。拟合效果通过相关系数 R^2 来评估，其中 R^2 值越接近于 1.0，表明拟合效果越好。从表 3-1 中可以明显看出，拟合结果显示 Monismith模型能够较好地预测累积应变的增加，尤其是在 1000 次循环以内，模型展现出良好的预测能力。因此，对于海相软土的累积应变分析而言，使用 Monismith 模型已足够准确，无需进一步建立修正模型。这表明 Monismith 模型适用于预测海相软土在循环荷载作用下的累积应变行为。

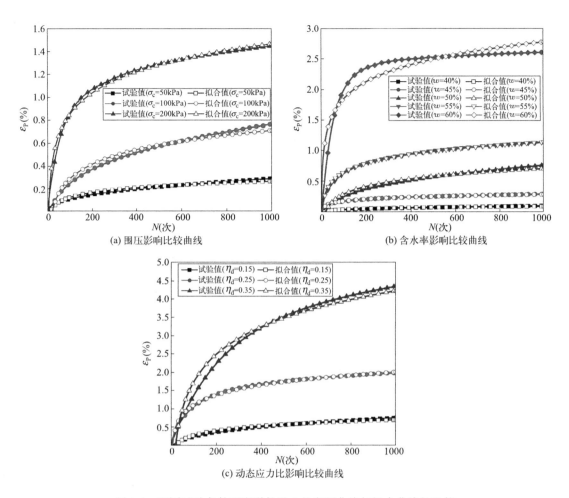

图 3-1 不同试验条件下海洋软黏土的实测曲线与拟合曲线的比较

不同条件下海洋软土对数模型拟合参数的比较 表 3-1

试样编号	含水率(%)	围压 σ_c(kPa)	动应力比 η_d	A	B	R^2
CT-1		50	0.15	0.00471	0.38361	0.99411
CT-2		100	0.15	0.00663	0.40082	0.99978
CT-3	40	100	0.25	0.01368	0.41527	0.99343
CT-4		100	0.35	0.04785	0.30754	0.98171
CT-5		200	0.15	0.01002	0.41281	0.99199
CT-6		50	0.15	0.01458	0.34894	0.97807
CT-7		100	0.15	0.06319	0.22571	0.99264
CT-8	45	100	0.25	0.13212	0.21336	0.99783
CT-9		100	0.35	0.15556	0.31084	0.9774
CT-10		200	0.15	0.07387	0.26972	0.97018

试样编号	含水率(%)	围压 σ_c(kPa)	动应力比 η_d	A	B	R^2
CT-11		50	0.15	0.01838	0.40081	0.99978
CT-12		100	0.15	0.03021	0.47165	0.99296
CT-13	50	100	0.25	0.30445	0.27869	0.95325
CT-14		100	0.35	0.19992	0.45439	0.97542
CT-15		200	0.15	0.26639	0.251	0.94322
CT-16		50	0.15	0.00964	0.35579	0.99779
CT-17		100	0.15	0.18467	0.26972	0.97018
CT-18	55	100	0.25	1.21419	0.16426	0.94828
CT-19		100	0.35	1.78213	0.23493	0.87272
CT-20		200	0.15	0.75222	0.1815	0.86071

3.4　模型参数的确定

在土体力学的研究与实际工程应用中，含水率和围压是两个关键因素，它们对土体的力学行为及其在循环荷载下的累积应变有着显著的影响。含水率影响土体的物理状态和力学性质，如密度、孔隙率以及剪切强度等，对工程设计的稳定性和安全性至关重要。例如，降雨和地下水位的变化可导致含水率变化，进而影响土体的承载能力。围压则决定了土体颗粒间的初始接触状态和相互作用强度，对评估土体的变形模量和强度参数，尤其是在深基础、隧道开挖和边坡稳定性分析中，具有决定性作用。尽管动应力比作为描述土体在动态荷载下行为的一个参数，在理论上具有其重要性，但在实际工程应用中，动应力比的变化和影响往往不如含水率和围压那样直接和显著。此外，动应力比的测定和应用较为复杂，需要考虑的因素更多，这在一定程度上增加了工程分析的难度和不确定性。因此，本章节选择忽略动应力比的影响，重点讨论不同含水率和围压条件下的应变模型，旨在通过简化分析框架来提高模型的实用性和预测精度，为工程设计和施工提供更为直接的理论支撑和技术指导。

（1）考虑不同含水率和围压时模型参数 a 的分析

先通过对不同围压下 σ-a 的关系曲线进行分析，得到 σ-a 的关系式：$a=s_1\sigma+t_1$，不同含水率条件下相关系数 R^2 分别为 0.99452、0.99993、0.93897、0.9241，再对各含水率下的 s_1、t_1 的数值进行分析，得出结果如图 3-2 所示，s_1、t_1 参数见表 3-2。最终得到参数 a 与围压、含水率间的关系式：

$$a=(2.576\times10^{-5}\times w^2-0.002127w+0.04436)\sigma-0.001003w^2+0.08482w-1.7719$$

由图 3-2 中可以看出，参数值 a 随含水率和围压的增加而增加，基本符合线性关系。

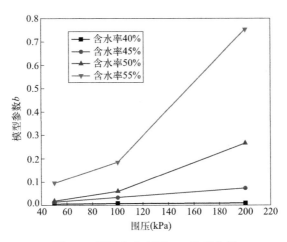

图 3-2　不同含水率下 $\sigma\text{-}a$ 关系曲线

不同含水率下 $\sigma\text{-}a$ 计算参数　　　　　　　　　　表 3-2

含水率(%)	s_1	t_1
40	0.00003514	0.003
45	0.000397	-0.00585
50	0.00171	-0.08475
55	0.00462	-0.1978

（2）考虑不同含水率和围压时模型参数 b 的分析

先通过对不同围压下 $\sigma\text{-}b$ 的关系曲线进行分析，得到 $\sigma\text{-}b$ 的关系式：$a=s_2\sigma+t_2$，不同含水率条件下相关系数 R^2 分别为 0.83362、0.76017、0.95618、0.93388，再对各含水率下的 s_2、t_2 的数值进行分析，得出结果如图 3-3 所示，s_2、t_2 参数见表 3-3。最终得到参数 b 与围压、含水率间的关系式：

$$b=(0.006792-1.346\times10^{-4}w)\sigma+3.0842-0.1287w+0.001405w^2$$

从图 3-3 中可以看出，随着围压增加参数 b 有所减小，但是幅度不大，含水率增加时参数 b 同样有所减小，而且影响较大。

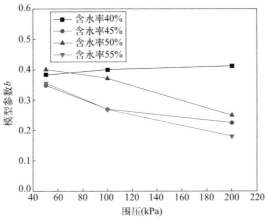

图 3-3　不同含水率下 $\sigma\text{-}b$ 关系曲线

不同含水率下 σ-b 计算参数   表 3-3

含水率(%)	s_2	t_2
40	0.000184	0.3776
45	−0.000767	0.3709
50	−0.00103	0.4611
55	−0.00226	0.5998

3.5 模型验证

为了验证预测模型的准确性,采用上述方法计算了不同试样在不同循环载荷下的累积变形并与室内试验值进行了比较,以含水率55%的试样为例,如图3-4所示。

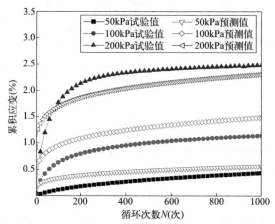

图 3-4 含水率55%试样试验值与预测值对比图

图3-5是所有试样在循环次数达到200次和1000次时试验值和预测值对比图,随着循环次数的逐渐增加,试验值和预测值趋于相等,并逐渐收敛于 $y=x$ 曲线。这表明该预测模型对海洋软黏土循环累积塑性应变具有很高的准确性。

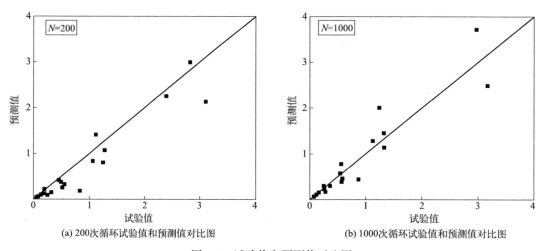

(a) 200次循环试验值和预测值对比图   (b) 1000次循环试验值和预测值对比图

图 3-5 试验值和预测值对比图

第四章
颗粒流离散元数值模型

4.1 颗粒流 PFC 理论基础

4.1.1 颗粒流 PFC 简介

PFC（Particle Flow Code）是一款高级的颗粒流模拟软件，它基于离散元方法（Discrete Element Method，DEM）进行开发。离散元方法是一种数值模拟技术，用于研究和计算由大量颗粒组成的系统行为。PFC 通过模拟颗粒之间的相互作用力和运动规律，能够准确地预测颗粒系统在各种条件下的物理行为，如流动、压缩、分离、混合等。

PFC 的核心在于应用 DEM，这是一种数值技术，用于计算并模拟大量颗粒如何通过相互作用产生复杂的系统行为。在 DEM 中，每个颗粒被视为一个独立的实体，具有自己的位置、速度、质量等属性。系统不断检测颗粒之间的接触情况，以确定哪些颗粒处于接触状态。对于每一对接触的颗粒，计算它们之间的作用力，包括正向（法向）和切向（摩擦）力。PFC 能够模拟颗粒之间的碰撞、滚动、摩擦和粘附等多种物理作用力。软件能够处理不同形状和大小的颗粒，支持多种材料模型，包括弹性、塑性、脆性破碎等。

PFC 软件作为一种基于离散元方法（DEM）的颗粒流模拟工具，其核心目的是模拟颗粒材料的行为和运动。为了实现这一目的，PFC 在模拟过程中采用了一系列假定条件，这些条件对于理解软件的工作原理和限制非常关键。以下是 PFC 软件中常见的一些假定条件：

（1）颗粒的刚性或准刚性假定

PFC 通常假定颗粒是刚性或准刚性的，即颗粒在受力时的形变非常小，可以忽略不计，或者以非常简化的方式来模拟。这意味着颗粒间的相互作用主要是通过接触力来计算，而不是基于颗粒本身的形变。

（2）颗粒间接触模型的简化

为了提高计算效率，PFC 在模拟颗粒间相互作用时采用了简化的接触模型。这些模型基于理想化的物理假设，如线性弹簧模型、滑移模型和阻尼模型，来模拟正压力、切力和能量损失。这些模型在形式上简单，但被证明在很多情况下足够精确。

（3）忽略颗粒间的长程作用力

PFC 主要关注颗粒间的直接接触作用力，通常忽略了如静电力、磁力或远程吸引力等长程作用力。这种假定适用于许多工程和科学问题，但可能不适合需要考虑这些力影响的特定应用。

（4）颗粒形状的简化

在许多PFC模拟中，颗粒被简化为球形或圆形（在二维模拟中）。这种简化有助于减少计算复杂度，尽管PFC支持更复杂的颗粒形状，但复杂形状的颗粒会增加计算成本。

（5）边界条件的假设

PFC模拟需要设定边界条件，如固定边界、周期性边界或反射边界等。这些边界条件的选择基于对实际系统的简化假设，目的是模拟颗粒在有限空间内的行为，而不需要模拟整个无限系统。

（6）时间步长的选择

在PFC模拟中，时间步长的选择对计算精度和稳定性至关重要。时间步长通常假定足够小，以确保颗粒间的相互作用能够被准确计算。然而，过小的时间步长会显著增加计算时间。

PFC程序作为离散元软件，有其独特的优点。PFC将研究对象离散化为许多颗粒单元，模型的基本构成为颗粒，颗粒之间可以赋予不同的粘结模型来表征其接触本构关系，并从微观的角度研究颗粒与颗粒之间的力学行为，从而得到研究对象的细观结构及其宏观力学现象的内在机理。有以下的优点：

（1）强大的颗粒模拟能力

PFC能够模拟从微观到宏观尺度的颗粒行为，提供颗粒级别的详细信息，包括颗粒的运动、受力、破碎等。虽然基本模型采用简化的颗粒形状（如球形），PFC也支持不规则颗粒形状的模拟，以及颗粒间复杂的接触和相互作用力模型。

（2）多物理场耦合

PFC不仅能够模拟颗粒的机械行为，还可以通过与其他软件的集成或内置功能，实现多物理场耦合模拟，如流体-颗粒相互作用（CFD-DEM耦合）和热-力耦合，扩展了PFC的应用范围。

（3）灵活的模型定义和自定义功能

用户可以定义颗粒的物理和力学属性，包括弹性模量、密度、摩擦系数等，以及更复杂的行为如破裂模型。PFC提供了强大的脚本语言支持，允许用户自动化模拟流程、参数化研究和自定义分析。

（4）详细的分析和可视化工具

PFC提供了丰富的分析和可视化工具，用户可以直观地观察颗粒运动和相互作用的过程，分析颗粒系统的整体行为和性能，包括颗粒速度、应力分布、能量变化等。

4.1.2 颗粒流方法原理

在颗粒流模拟中，理解和准确描述颗粒间的相互作用是至关重要的。PFC软件利用离散元方法（DEM）模拟颗粒材料的行为，其中接触力模型和接触方式是核心组成部分。

接触力模型是PFC模拟颗粒相互作用的基础。这些模型通过模拟颗粒间的力和力矩来描述颗粒的物理行为。PFC采用的核心物理方程基于牛顿第二定律，即力等于质量乘以加速度（$F=m\times a$）。在颗粒系统中，每个颗粒的运动状态（包括位置和速度）都是通过解决颗粒受力情况下的动力学方程来计算的。颗粒间的接触力是影响颗粒运动的主要力量，包括：

（1）正向接触力，又称为法向接触力，主要通过弹簧-阻尼器模型来实现。该模型假设颗粒间的接触可以用弹性力（弹簧）和阻尼力（阻尼器）来描述。其中，弹性力代表颗粒间的恢复力，而阻尼力负责模拟能量的耗散。

（2）切向接触力用于模拟颗粒间的摩擦力。它通常采用库仑摩擦定律，结合弹簧-阻尼器模型，来描述颗粒间在接触面上的滑动或粘附行为。

（3）在某些颗粒材料中，颗粒间可能存在粘附作用。黏着力模型通过引入额外的黏着参数来模拟这种现象，从而影响颗粒间的相互吸引或排斥力。

接触方式描述了颗粒间接触的几何和动力学条件，是理解颗粒相互作用的关键。

在 PFC 中，最简单的接触方式是点接触，适用于球形颗粒模型。如图 4-1（a）所示，颗粒间的接触被假定为在单一点发生，接触力模型将直接应用于此点。对于非球形颗粒或复杂形状的颗粒，面接触方式提供了更为真实的相互作用模拟。这要求在接触面上积分接触力，以准确计算颗粒间的力和力矩。如图 4-1（b）所示，当颗粒与容器壁面或模拟边界发生接触时，PFC 通过特定的边界接触模型来处理颗粒与固定表面间的相互作用，确保模拟的物理正确性和边界条件的准确实现。

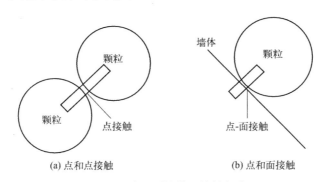

(a) 点和点接触　　　　　　　　　　(b) 点和面接触

图 4-1　球形颗粒模型接触方式

接触力模型的核心依据是牛顿运动定律，对于每个颗粒，其线性运动方程为：

$$a=\frac{F}{m} \tag{4-1}$$

其中，m 是颗粒的质量，F 是作用在颗粒上的净外力，包括重力、颗粒间的接触力等。

颗粒的角动量方程描述了颗粒的旋转运动，可以表示为：

$$I\frac{\mathrm{d}^2\theta}{\mathrm{d}t^2}=\tau \tag{4-2}$$

其中，I 是颗粒的转动惯量，θ 是颗粒的旋转角，τ 是作用在颗粒上的净外力矩，由颗粒间的切向接触力产生。

PFC 采用显式时间积分方法来求解运动方程，即通过在每个时间步长上迭代更新颗粒的速度和位置来计算系统状态。时间步长的选择是至关重要的，因为过大的时间步长可能会引起数值不稳定，而过小的时间步长会显著增加计算成本。此外，PFC 提供了灵活的边界条件和加载条件设置选项，包括固定、周期性或反射的边界条件，以及通过施加外力或位移实现的加载条件，这对于模拟试验的配置极为关键。

4.1.3　颗粒流离散元计算方法

PFC 中的基本计算过程体现了离散元方法（DEM）的核心原理，专注于颗粒间接触力的计算和颗粒的运动响应。以下是 PFC 中进行模拟的基本计算步骤：

（1）初始化与颗粒特性设定

PFC 模拟启动前的准备阶段包括颗粒的生成与初始化。在此过程中，为每个颗粒赋予其物理特性，诸如质量、尺寸、弹性系数及摩擦系数。此外，颗粒的初始位置和速度条件根据试验设计或理论假设进行设定，为模拟过程的启动奠定基础。

（2）颗粒间的接触检测

模拟的下一步是执行接触检测算法，以识别哪些颗粒之间存在相互作用的可能性。该步骤利用高效的空间排序技术，确保即使在颗粒数目庞大时，计算过程也能保持可管理的计算复杂度。

（3）接触力的计算

确定颗粒间的接触后，紧接着是接触力的计算。此处采用的模型可模拟包括弹性恢复力、阻尼力以及摩擦力在内的力学响应。这些力将决定颗粒在模拟时步中的运动轨迹。

（4）颗粒运动更新

通过解决牛顿运动方程，计算颗粒在受力下的运动状态变化。时间步长的选取须保证模拟的稳定性与效率，通常采用显式积分方案进行颗粒位置和速度的迭代更新。

（5）循环迭代与模拟完成

这一计算流程在每个时间步中重复进行，直到达到预定的模拟时间或模拟目标。模拟过程的每个阶段，颗粒的状态和相互作用力都被记录下来，为最终的分析和验证提供数据。

4.1.4　PFC 接触本构模型

在离散元方法（DEM）中，特别是在 PFC 软件中，使用不同的接触模型来模拟颗粒间相互作用的行为。常用的模型包括线性模型、线性接触粘结模型和平行粘结模型。它们各自有不同的物理背景和适用场景：

（1）线性模型（Linear Model）

线性模型是最基本的接触模型，通常用于模拟颗粒间的弹性接触。在这个模型中，颗粒间的法向和切向接触力与颗粒间的相对位移呈线性关系。这意味着：

正向力与颗粒间的正向位移成比例，比例系数为正向刚度。

切向力与颗粒间的切向位移成比例，比例系数为切向刚度。

线性模型不涉及颗粒间的粘结或破坏过程，它假设颗粒间的接触始终保持弹性。

（2）线性接触粘结模型（Linear Contact Bond Model）

线性接触粘结模型在线性模型的基础上增加了颗粒间的粘结力。在粘结模型中，颗粒间除了能承受正常的接触力外，还能在一定范围内承受拉伸力和剪切力，直到接触点的粘结强度达到其极限值。这个模型特别适用于模拟颗粒间的胶接或其他类型的粘结材料。当颗粒间的力超过预定的粘结强度时，粘结会断裂，此后颗粒将以非粘结的状态继续接触。

（3）平行粘结模型（Parallel Bond Model）

平行粘结模型是一种更高级的粘结模型，它不仅考虑了颗粒间的法向和切向接触，还能模拟颗粒间的抗弯和抗扭性能。在这个模型中，颗粒间的接触区域被假设为有一定的面积，使得接触点可以传递正向、切向弯矩和扭矩。平行粘结模型能够模拟颗粒间的复合力学行为，包括弹性、塑性和断裂过程。平行粘结模型在模拟复杂力学行为时非常有用，如模拟由多颗粒组成的固体材料。该模型能够更准确地捕捉颗粒材料的宏观力学特性，如断裂强度和弹性模量。

通过对上述三种接触模型的介绍，线性模型仅考虑颗粒之间的摩擦作用，不考虑粘结作用，常用于模拟砂土等无黏性土。两种粘结模型的不同在于，线性粘结只能传递力，不能传递力矩，而平行粘结既可以传递力也可以传递力矩。针对海相软土，本研究最终选择线性接触粘结模型。

4.1.5　PFC 2D 软件颗粒物理量的测量

在离散元方法（DEM）中，特别是在使用 PFC 软件进行颗粒流模拟时，理解基本的几何概念如测量圆，以及如何通过它来计算颗粒系统的物理量，是至关重要的。这些物理量包括颗粒的平均接触数、孔隙率、应力和应变速率等。测量圆是 PFC 中用于定量分析颗粒系统特性的一个工具。它是一个虚拟的圆形区域，用于捕获和分析位于该区域内的颗粒信息。通过改变测量圆的大小和位置，可以在不同尺度和区域上评估颗粒系统的物理和力学性质。通过测量圆可以测量颗粒的局部密度、颗粒间的相互作用以及其他相关物理量。

（1）平均接触数的测定

平均接触数反映了颗粒系统的结构紧密度及其力学稳定性。通过统计测量圆内部每个颗粒的接触数量并求其平均值，我们能够定量地评估颗粒堆积的紧密程度，这对于理解颗粒堆积体的力学性质具有重要意义。

（2）孔隙率的计算

孔隙率作为颗粒堆积体结构的一个基本特征，直接影响材料的渗透性和压缩性。在PFC 模拟中，通过测量圆内颗粒占据的体积与总体积的比值，进而计算得出孔隙率，为颗粒材料的设计与应用提供了依据。

（3）应力分析

应力是理解颗粒系统内部受力状态的关键物理量。利用测量圆，通过对颗粒接触点上传递的力的测量和该区域面积的计算，能够精确地获得颗粒系统内部的应力分布情况，从而分析颗粒系统的力学响应。

（4）应变速率的确定

应变速率描述了颗粒系统形变的速率，是研究颗粒动态行为的重要参数。通过测量圆内颗粒位移的时间变化率，可以定量地分析颗粒系统在外部加载下的变形速率，进一步理解颗粒材料的动态特性。

4.2　土动三轴数值模拟

4.2.1　PFC 2D 数值模型建立过程

数值模型（图 4-2）建立过程如下：

（1）定义材料属性

首先，根据试验对象的物理特性定义颗粒的材料属性，如颗粒的密度、弹性模量、泊松比、摩擦角等。这些属性对模拟的结果有直接影响。

（2）生成颗粒样本

利用 PFC 的颗粒生成工具创建代表试样的颗粒群体。颗粒的大小分布、形状和初始排列方式应该尽可能接近实际试样。

（3）边界条件

设置模拟的边界条件以模拟三轴试验装置。这通常包括一个刚性或柔性的容器，模拟试样周围的限制条件。

（4）应用初始应力状态

在颗粒样本上施加初始应力状态，以模拟试验开始前的固结过程。这可以通过向容器内施加均匀压力来实现。

（5）垂直加载

模拟三轴试验的轴向压缩阶段，通过在样本上方施加垂直压力来实现。压力的施加速率和最终大小需要根据试验要求仔细控制。

（6）记录数据

在加载过程中，记录颗粒样本的响应，包括颗粒的位移、应力变化和任何可能的颗粒破碎。PFC 允许用户通过 FISH 脚本实时获取和处理这些数据。

根据以上方法在 PFC 2D 中建立三轴试验数值模型，试样尺寸与室内试验完全一致，直径 70mm（二维模型中直径即为试样宽度）、高度 140mm。

在生成试样墙体时，刚性边界是最为常用的方法，共生成上下左右四面墙体，对上下墙体赋予较高的刚度以模拟室内试验中的上下加载板，对左右墙体赋予较低的刚度，模拟室内试验中橡皮套的作用，刚性墙体只能左右移动，其内部不能发生变形。

FPC 中颗粒生成有半径膨胀法和重力沉积法两种，半径膨胀法将颗粒粒径放大，以精确满足初始孔隙率要求。重力沉积法生成颗粒后，颗粒在自重作用下相互运动，最终达到初始平衡状态。本文采用半径膨胀法制样。生成颗粒时由于计算机的限制，如果完全按照室内试验颗粒级配，将会生成数百万个颗粒，影响计算效率，因此本文在考虑颗粒级配的基础上，将颗粒粒径放大，共生成颗粒 22440 个，颗粒半径 0.4～1mm，密度 1.69g/cm^3，

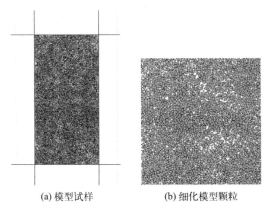

(a) 模型试样   (b) 细化模型颗粒

图 4-2　数值模拟模型试样

初始孔隙度 0.25。

在整个三轴试验的加载过程中，需要维持恒定的围压。在数值模拟中，试样围压的实现是通过 PFC 内部的伺服机制控制墙体实现的。伺服机制调整墙体速度，计算得到墙体应力，并不断与设置的目标围压进行对比，如果墙体应力与设置的目标围压差值在容许误差系数内，则表示目标围压已经实现，如果差值大于容许误差系数，则继续调整墙体速度并计算墙体应力，直到误差达到容许值。伺服机制中，墙体应力计算方法为：

$$\sigma = \frac{NF}{A} \tag{4-3}$$

式中，N 为颗粒与墙体的接触数；F 为颗粒作用在墙体上的力；A 为墙体面积，二维模型中墙体面积即为墙体的长度或宽度。

墙体速度为：

$$v = G(\sigma - \sigma^{\mathrm{req}}) = G\Delta\sigma \tag{4-4}$$

式中，G 为目标应力，即围压；σ 为伺服参数。

ΔF 的算法依据如下：在一个时间步长 Δt 内，因墙体移动产生的力的最大值为：

$$\Delta F = k_{\mathrm{n}} v \Delta t \tag{4-5}$$

式中，k 为与墙体接触的接触刚度总和。因此墙体应力变量 $\Delta\sigma$ 为：

$$\Delta\sigma = \frac{\Delta F}{A} = \frac{k_{\mathrm{n}} v \Delta t}{A} \tag{4-6}$$

为了保持稳定，墙体应力变化绝对值应该小于目标应力与监测值之差。在计算时给定一个应力放松因子 σ，t 常取 0.5，则：

$$|\Delta\sigma| = \left|\frac{k_{\mathrm{n}} v \Delta t}{A}\right| = \left|\frac{k_{\mathrm{n}} G \Delta\sigma \Delta t}{A}\right| \leqslant \alpha |\Delta\sigma| \tag{4-7}$$

$$G \leqslant \frac{\alpha A}{k_{\mathrm{n}} \Delta t} \tag{4-8}$$

4.2.2　主要细观参数对宏观参数的影响

在离散元方法（DEM）模拟，特别是在使用 PFC 等软件时，细观参数对宏观参数的影响是一个重要的研究领域。细观参数主要指的是颗粒级别上的物理和力学特性，如颗粒的形状、大小分布、接触刚度、摩擦系数以及粘结强度等。宏观参数则是指颗粒集合体作为一个整体所表现出的力学和物理特性，如强度、刚度、孔隙率和渗透性等。以下是一些主要细观参数对宏观参数影响的简要介绍：

（1）颗粒大小分布

颗粒大小分布对材料的孔隙率、压缩性和剪切强度有显著影响。较宽的粒径分布可以提高颗粒堆积的致密度，从而增加材料的强度和减小孔隙率。

（2）接触刚度

颗粒间的正向和切向接触刚度直接影响材料的宏观弹性模量和剪切模量。较高的接触刚度会导致整体材料表现出更高的刚度和强度。在模拟土等材料的力学行为时，适当选择接触刚度参数对于预测材料的弹性响应至关重要。

（3）摩擦系数

颗粒间摩擦系数的大小影响材料的剪切强度和稳定性。较高的摩擦系数增加了颗粒间的剪切抵抗，提高了材料的剪切强度。

（4）粘结强度

影响：粘结强度是指颗粒间粘结的抗拉和抗剪强度。颗粒间的粘结能够显著增加材料的抗压强度和抗剪强度，但同时可能减小材料的韧性。

（5）颗粒形状

颗粒的形状会影响颗粒堆积的致密性和力链的形成，进而影响材料的孔隙率、强度和刚度。

4.2.3　模型细观参数标定

基于连续介质的数值模型，通过室内试验获得的材料变形和强度参数可以直接作为模型材料的输入参数，亦不受模型离散化的影响。而对于 PFC 颗粒流模型而言，材料的宏观物理力学参数却不能直接赋给模型中的颗粒单元，由于模型中颗粒单元的变形和强度特性是通过模型细观参数来指定的，故而必须先确定模型细观参数与材料实际物理力学参数之间的对应关系。

在 PFC 颗粒流模型中，模型参数一般不能直接简单地与材料特性相联系，因为 PFC 颗粒流模型的物理力学特性也会受到颗粒尺寸和组合排列方式的影响。PFC 模型参数与物理材料特性之间的关系可以利用具备特定颗粒组合排列方式以及具体模型参数的 PFC 模型来模拟一系列数值模拟试验，并根据物理材料的宏观物理力学性质来调整模型细观参数，此使数值模拟试验结果与材料宏观力学响应尽量吻合，进而建立 PFC 模型参数与材料物理力学特性之间的对应关系，即宏细观参数标定过程。

线性接触粘结模型中粘结键在受力大于其粘结强度时会发生断裂，粘结键断裂后退化为线性接触模型，因此细观参数的标定包括线性粘结模型参数和线性模型参数两部分。PFC 模型涉及的主要细观参数包括：摩擦系数，线性接触有效模量 E_c，颗粒间法向接触刚度 k_n 与切向接触刚度 k_s 刚度，法向接触刚度与切向接触刚度的比值，法向粘结强度 σ_c，切向粘结强度 τ_c。通过对比数值模拟和室内试验结果，对各细观参数进行微调，使数值模拟结果更趋近室内试验。各细观参数标定结果见表4-1。

细观参数标定结果 表 4-1

试样状态	摩擦系数	线性接触有效模量（MPa）	刚度比	法向粘结强度（kPa）	切向粘结强度（kPa）
含水率40%	0.17	50	2	30	30
含水率45%	0.15	40	2	25	25
含水率50%	0.14	20	2	20	20
含水率55%	0.13	10	2	10	10
含水率60%	0.11	8	2	1	1

4.2.4 试样模型加载方式

在 PFC 中对试样进行加载是通过赋予上下墙体一定的速度来实现的，因为 PFC 中墙体是一个没有质量的单元，与颗粒单元不同，墙体不符合牛顿第二定律，不能直接对墙体施加力的作用，只能赋予墙体速度，以此来实现加载过程。在 PFC 中，加载方式有应力控制加载和应变控制加载两种，本书采用应力控制加载方式，将正弦应力转换成速度赋予墙体，在将力转换成速度时需要借助伺服机制完成，转换方法如下：

$$v = G(\sigma^{req} + \sigma_z) \tag{4-9}$$

式中，σ^{req} 为轴向加载所需正弦应力；σ_z 为颗粒与上下墙体之间的应力。

轴向加载所需正弦应力计算如下：

$$\sigma^{req} = \Delta q \sin(2\pi f t) + \sigma \tag{4-10}$$

式中，Δq 为正弦应力幅值；f 为荷载频率；t 为荷载时间；σ 为围压。

数值模拟时正弦应力幅值 Δq 取值与室内试验相同，为了加快计算效率，荷载频率取10Hz。数值模拟中轴向应力加载方式如图 4-3 所示。

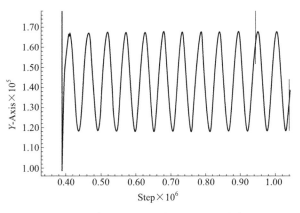

图 4-3 轴向应力随加载时间变化曲线

排水法的基本原理为保持试样围压稳定，试样体积随着加载发生变化，模拟试样内部水被排出的过程，围压随加载时间变化曲线如图 4-4 所示。从图中可以看出，在循环荷载

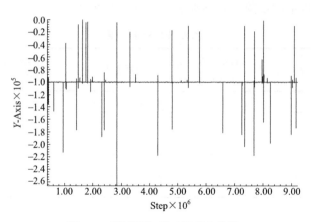

图 4-4　围压随加载时间变化曲线

作用下,监测到的围压也呈现出正弦变化曲线,有轻微的上下波动,但基本维持在 100kPa 左右,较为稳定。

4.2.5　循环加载试验模拟方案

为研究海相软土的微观力学特性,从含水率、循环应力比、围压等影响因素进行研究分析。采用与试验一致的高 140mm、直径 70mm 的颗粒试样,生成颗粒 22440 个。设定模拟试验的边界条件,这包括固定边界、周期性边界的边界条件,生成组成目标区域的墙体,其中左右侧墙体用于模拟试样边界约束条件,上下墙体用于模拟加载板,以模拟实际试验装置的约束。同时赋予上下墙体刚度值为颗粒法向接触刚度的 10 倍,左右墙体的法向接触刚度取为上下墙体的 1/10,用于模拟柔性接触,既可以避免颗粒穿透墙体边界,又可尽量减小墙体的边界效应。

根据需要模拟的材料不同含水率类型,定义颗粒的细观物理和力学属性,按照给定的颗粒粒径以及初始孔隙率在墙体区域内生成代表试验材料的颗粒集合体,并按照实际试验条件布置颗粒,同时赋予颗粒摩擦系数、密度值以及刚度值。确保初始状态符合试验设计。

在墙体边界内生成满足要求的颗粒集合体后,通过编制的伺服机制控制程序对试样进行加压,在施加循环荷载之前,对每个试样进行偏压固结 $K_0 = 0.7$,并在整个循环加载过程中始终保持围压不变。通过编程脚本(如 FISH 语言)或软件内置功能,设置循环加载的参数,包括加载频率、幅度(力或位移)、加载形式(单向或双向加载)和预定的循环次数。偏压固结完成后对试样施加正弦荷载,荷载大小同试验一致,循环 200 次后结束。利用 PFC 提供的监控工具,实时记录试样的响应,包括颗粒位移、变形、应力和应变等关键参数。

4.2.6　数值模拟与室内试验结果分析

将经过校正后的细观物理力学参数用于颗粒流模型中,分别对不同条件下海相软土进行动三轴试验模拟。图 4-5 分别给出不同含水率下室内试验和数值模拟的应变速率和循环次数的关系，其中，左侧为室内试验结果，右侧为数值模拟结果，可以看出数值模拟结果与室内试验的基本趋势完全一致，但累积动应变的稳定值和达到破坏所需振动次数有一定差异，这是由于增大荷载频率造成的。

从图 4-5 中可以看出，在试验的初期阶段，应变会迅速上升，随着加载持续施加，这种应变增长的速率会逐步减缓，直至进入一个相对稳定的状态，并伴随着缓慢的线性增长过程。海相软土的轴向应变随振动次数可以被归类为渐进稳定型和破坏型两种模式。在较低的动应力比（如 0.15 和 0.25）条件下，土样的应变在加载初期迅速上升，随后增速放缓，逐渐稳定并呈缓慢线性增长，显示出渐进稳定的特性；而在动应力比提高到 0.35，特别是含水率为 60% 的情况下，土样的应变随振动次数增加而迅速增大，表现为破坏型行为。

试验中总体上均为渐稳发展型曲线，累积轴向应变随着含水率增加而增大，应变速率方面，含水率越高，应变速率则越快。动应力比和围压都有相同的变化规律。在采用相同应力比进行试验时，围压越大，所施加的应力越大，应变越大，说明围压的强化效应不是土体强度主要的影响因素。

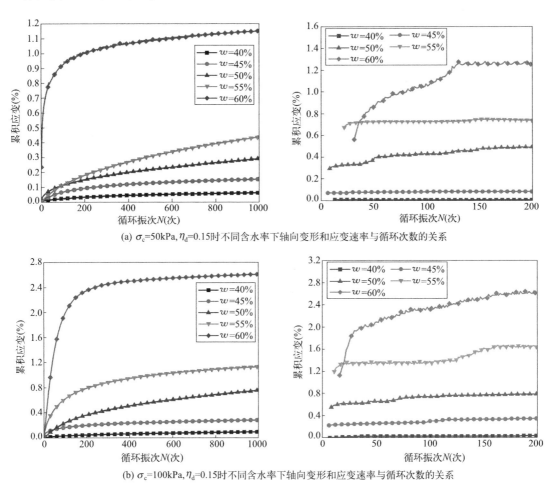

(a) σ_c=50kPa, η_d=0.15时不同含水率下轴向变形和应变速率与循环次数的关系

(b) σ_c=100kPa, η_d=0.15时不同含水率下轴向变形和应变速率与循环次数的关系

图 4-5 不同含水率下轴向变形和应变速率与循环次数的关系（一）

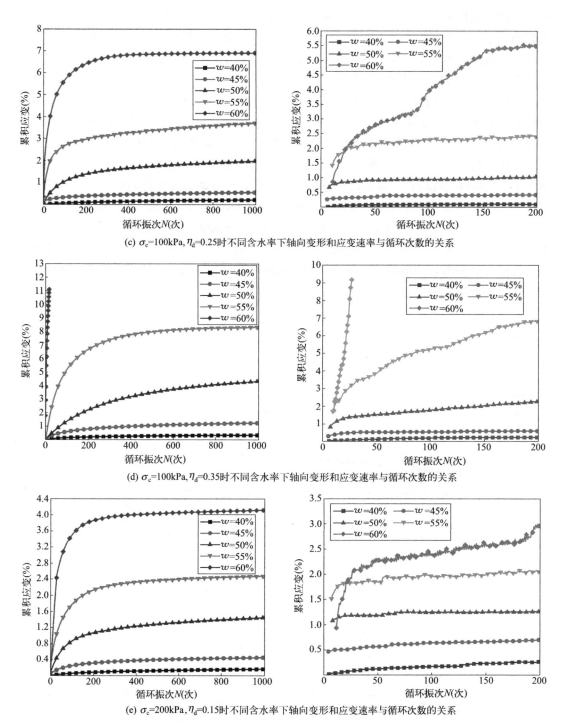

(c) σ_c=100kPa, η_d=0.25时不同含水率下轴向变形和应变速率与循环次数的关系

(d) σ_c=100kPa, η_d=0.35时不同含水率下轴向变形和应变速率与循环次数的关系

(e) σ_c=200kPa, η_d=0.15时不同含水率下轴向变形和应变速率与循环次数的关系

图 4-5　不同含水率下轴向变形和应变速率与循环次数的关系（二）

　　以上模拟结果宏观力学特性与室内试验基本相符，充分证明了数值模拟的可靠性，下面将从微观的角度分析粗颗粒土在循环荷载作用下的破坏机理。

第五章

参数敏感性分析

通过深入研究数值模拟结果，全面探讨了海相软土微观力学特性。首先，从颗粒流理论出发，分析了不同细观参数对模拟结果的影响。其次，利用 PFC 软件建立了动三轴试验的数值分析模型，并对模型建立、边界设置、模型力学参数等方面进行了详细描述，确立了一个完整的数值分析流程，并对不同含水率、动应力比和围压条件下模拟结果进行了详细分析。

5.1　不同细观参数对试验结果的影响

在使用离散单元法对海相软土进行模拟时，细观参数的标定是极为重要的环节，因此，明确接触模型参数对海相软土宏观细观方面的影响是模拟最基础的一环。采用 PFC 程序进行颗粒流数值模拟时为了简化将黏土颗粒看成圆形颗粒。采用 PFC 程序进行颗粒流数值模拟时，将黏土颗粒简化为圆形颗粒。PFC 2D 程序中试样强度主要受粘结性和摩擦性两个方面因素的影响。主要细观参数包括：

（1）摩擦系数 fric，颗粒间（颗粒与墙体）摩擦系数与宏观土体材料参数的摩擦角有较好的对应关系，摩擦系数通常用符号 μ 来表示。

（2）有效弹性模量 emod、刚度比 kratio。有效弹性模量通常用符号 E 来表示，刚度比通常用符号 K 来表示。有效弹性模量与刚度比在颗粒流计算时，软件会自动将其换算成圆形颗粒的切向刚度与法向刚度，刚度比是切向刚度与法向刚度的比值，有效弹性模量同时控制切向刚度与法向刚度的数值，刚度比控制切向刚度的数值。圆形颗粒和墙体都需要设置有效弹性模量，圆形颗粒有效弹性模量主要是控制颗粒的变形，墙体的弹性模量主要是防止在伺服与加载过程中颗粒穿越墙体导致模型计算出错。

（3）在接触粘结模型中，粘结强度分为法向粘结强度 c_{tensile} 与切向粘结强度 c_{shear}。法向粘结强度通常用符号 T 来表示，切向粘结强度通常用符号 S 来表示，接触模型为接触粘结时，颗粒之间接触力小于粘结强度（法向和切向）时，颗粒之间产生接触键，变形沿着接触键方向（法向和切向）保持线弹性，当颗粒之间接触力大于粘结强度时，接触键断裂，接触破坏。

5.1.1　摩擦系数对应变的影响

在相同颗粒级配下，在颗粒流计算中通常使用控制伺服摩擦系数的方式调整试样孔隙率。颗粒流模拟中，模拟双轴压缩试样一般有以下几个步骤：①颗粒生成。②伺服成样。③赋予材料参数。④等围压固结。⑤施加荷载。本次模拟主要讨论在循环加载 200 次后试样产生的累积塑性应变。累积轴向应变达到 5% 可视为试样发生破坏。本次研究黏土颗粒的基本细观参数可按本书表 4-1 取值。

通过调整试样颗粒间摩擦系数来探究摩擦系数对累积塑性应变的影响，保持本书表 4-1 中其他细观参数不变，摩擦系数从 0.05 增加到 0.5，摩擦系数用 μ 来表示。图 5-1 为不同摩擦系数下试样应变随振动次数的变化曲线。

由图 5-1 可知，不同摩擦系数将影响颗粒间的相互作用，摩擦系数从 0.05 增加到 0.5 的过程中，试样累积塑性应变变化较为明显。较高的摩擦系数会导致颗粒之间更大的内摩擦力，从而使试样更难以变形。较低的摩擦系数则会减小颗粒之间的内摩擦力，使试样更容易发生变形。因此，随着摩擦系数的增大，试样的塑性变形明显减小。

在图 5-1(a) 中，应变达到 5% 时有一条附加线，超过这条线表明试样已经发生了破坏，从图中可以看出，$\mu=0.05$ 时试样应变发展迅速，在振动次数在 10 次左右，试样就发生了破坏。说明较低摩擦系数（摩擦系数为 0.1）可能会导致试样的不稳定性增加，颗粒之间更容易滑动和位移，可能导致试样的破坏或塌陷。$\mu=0.05$ 时试样塑性应变发展缓慢，说明较高摩擦系数可以增加试样的稳定性，减少颗粒的滑动和位移，从而使试样更加牢固。

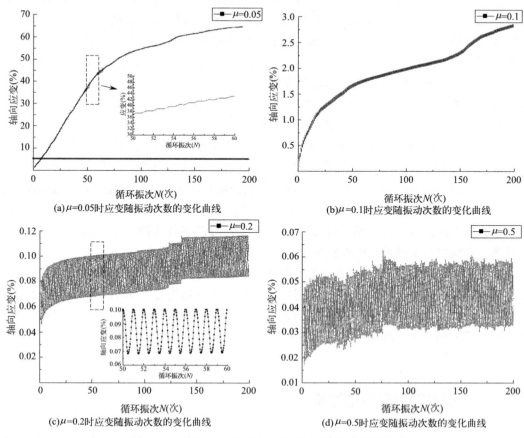

图 5-1　不同摩擦系数下应变随振动次数的变化曲线

5.1.2 emod 对应变的影响

不同的材料和颗粒模型需要不同的 emod 值来准确地模拟材料的行为。线性有效模量是 PFC 模拟中的重要参数，对于研究颗粒材料的力学行为和工程应用具有重要的价值。emod 表示颗粒材料的整体弹性行为，它描述了颗粒模型中的颗粒之间的弹性相互作用。emod 是一个材料属性，通常以单位体积的形式表示。它是材料的弹性模量（Elastic Modulus）在颗粒尺度上的等效值。

PFC 使用颗粒模型来模拟颗粒材料的行为。在这种模型中，材料被表示为一组离散的颗粒，每个颗粒都有质量、形状、位置等属性。颗粒之间通过力学原理相互作用，包括弹性相互作用和塑性相互作用。颗粒之间的弹性相互作用是指当颗粒受到外部力加载时，它们之间会产生弹性应变。

保持其他细观参数不变，分别取线性有效模量为 30、50、100、200、300MPa，有效弹性模量用 E 来表示，得到不同线性有效模量下试样应变随振动次数的变化曲线如图 5-2 所示。由图 5-2 可知，加载初期，软土的累积塑性应变会迅速增加，但随着加载的

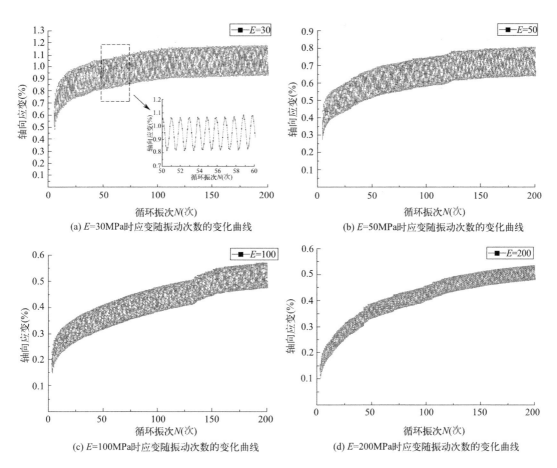

(a) E=30MPa时应变随振动次数的变化曲线   (b) E=50MPa时应变随振动次数的变化曲线

(c) E=100MPa时应变随振动次数的变化曲线   (d) E=200MPa时应变随振动次数的变化曲线

图 5-2 不同弹性量下应变随振动次数的变化曲线

进行，累积塑性应变发展逐渐减慢，应变累积呈现线弹性发展，逐渐向塑性累积破坏终点发展。在循环荷载大小不变时，随着荷载循环次数的增加，变形将越来越大，直至达到破坏。

不同线性有效模量对试样动应变的影响明显，土样随着加载过程的进行会产生不可恢复的变形即塑性变形，塑性变形会在加载过程中逐渐累积。相应地，加载过程中可恢复的变形部分即弹性变形。在 PFC 中，有效模量直接影响材料的弹性恢复能力。较高的有效模量表示试样具有更高的弹性刚度，即在加载后更容易恢复到原始形状，如图 5-2(a)～图 5-2(d) 所示，$E=30\text{MPa}$ 时塑性应变达到 0.9%，随着线性有效模量的增大，$E=200\text{MPa}$ 时塑性应变仅有 0.4%，试样弹性应变的范围减小。有效模量还会影响试样的变形特性。较高的有效模量通常会导致试样更难以发生塑性变形，而较低的有效模量则可能使试样更容易产生塑性变形。如图中随着线性有效模量的增大，试样累积塑性应变减小。

5.1.3　kratio 对应变的影响

刚度比是一种无量纲参数，通常用符号 K 表示。它是颗粒材料内部的弹性刚度和接触弹性刚度之间的比率，内部弹性刚度通常指的是颗粒之间的内部弹性力，而接触弹性刚度是指颗粒之间的接触力产生的弹性反应。刚度比在 PFC 模拟中用于调整颗粒材料的弹性行为。通过改变刚度比的值，可以模拟不同类型的颗粒材料，从极软材料（刚度比接近零）到极硬材料（刚度比很大）。这使得 PFC 可以模拟各种材料，包括岩石、土壤、颗粒物质等。控制其他细观参数不变，分别取刚度比为 0.5、1.0、2.0、3.0、4.0，计算得到不同刚度比下试样累积应变随振动次数的变化曲线如图 5-3 所示。

由图 5-3(a)、图 5-3(b) 可知，刚度比 kratio 对试样的应变有一定影响，随着刚度比 kratio 的增大，试样的累积塑性应变减小，但影响没有有效弹性模量 emod 明显，弹性应变部分则基本不变。其中，刚度比为 0.5 的试样，在循环到 125 次左右时，应变发生了突然的增加，分析原因为，在 PFC 模拟中，颗粒之间的相互作用是通过弹簧模型来描述的，随着加载过程的进行，试样应变不断累积，颗粒间接触刚度超过了弹簧刚度导致接触断裂，颗粒之间发生滑动、旋转或解除接触，接触状态发生变化，颗粒重新排列从而导致应变的突然增加。

对比图 5-3(a)～图 5-3(d) 可以得出，刚度较高的试样（刚度比为 2.0）在受力时将会更加刚硬和不容易发生变形。这意味着，需要施加更大的力才能引起相同的位移或变形。相反，刚度较低的试样（刚度比为 0.5）会更容易发生变形，同样的力会导致更大的变形。刚度较高的试样通常具有更高的弹性模量，这意味着它们更接近理想的弹性体，而刚度较低的试样具有较低的弹性模量，可能更容易发生塑性变形。刚度较低的试样可能更容易发生破裂或颗粒之间的滑动，因为它们更容易受到外部力的影响。刚度较高的试样可能在受到相同应力时，更多地表现出弹性行为，而不容易出现较大的变形或破裂。

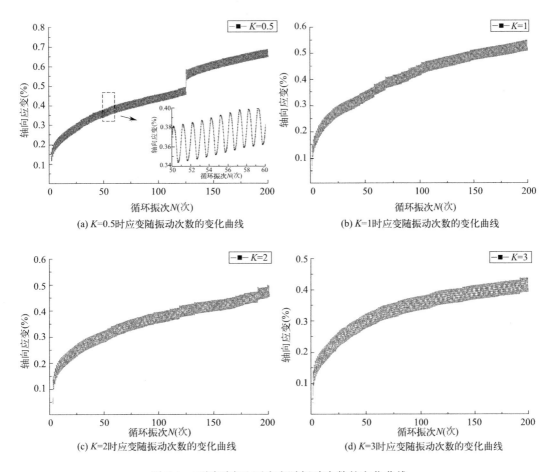

图 5-3 不同刚度比下应变随振动次数的变化曲线

5.1.4 emod/kratio 对应变的影响

emod 代表弹性模量，控制颗粒间法向接触刚度，而 kratio 代表了颗粒之间的法向接触刚度和切向接触刚度的比例。法向接触刚度是描述颗粒之间在垂直方向上的刚度或弹性性质的参数。增加法向接触刚度会使颗粒之间更难以在垂直方向上变形，从而使试样更刚硬，法向刚度的增加会导致试样更难以在垂直方向上挤压或压实。切向接触刚度是描述颗粒之间在水平方向上的刚度或弹性性质的参数。增加切向接触刚度将导致颗粒之间更难以在水平方向上滑动，从而增加试样的抗滑动性能。保持 emod/kratio 不变，意味着试样的切向接触刚度将保持不变，取线性有效模量为 50、100、150、300、600MPa，研究不同法向刚度对离散元模拟的影响，试样累积应变随振动次数的变化曲线如图 5-4 所示。

由图 5-4 可知，法向刚度还会影响试样的变形特性，较高的有效模量通常会导致试样更难以发生塑性变形。随着法向刚度的增加，试样塑性变形能力明显减弱。如图 5-4（a）～图 5-4（c）所示，随着振动次数的增加，试样累积塑性应变大幅减少，同时可以看出，随着法向刚度的增大，曲线波动幅度明显减小，说明试样弹性应变的范围减小，试样更加稳定。如图 5-4(c)、图 5-4(d)，随着法向刚度的增大，相同振动次数下试样塑性应变的增加不再明显，说明法向刚度的取值满足刚度越大应变越小的规律，但随着刚度的增加应变减小的幅度越来越慢，直到不再减小。

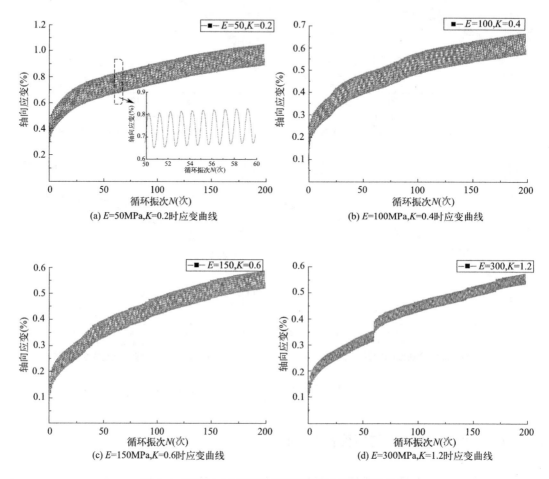

图 5-4　不同法向刚度下应变随振动次数的变化曲线

5.1.5 颗粒间粘结强度对应变的影响

接触粘结模型的核心思想是模拟颗粒间的相互作用力，包括法向（垂直于接触面）和切向（平行于接触面）方向的力。法向粘结强度是描述颗粒间垂直于接触面的粘结强度的参数。它表示颗粒在垂直方向上受到的吸引力或阻止分离的力。较高的法向粘结强度会使颗粒更难以分离，因此颗粒在接触时会更紧密地结合在一起，模拟粘结材料的行为。法向粘结强度通常用符号 T 表示。

切向粘结强度是描述颗粒间在接触面上相对滑动的抵抗力的参数。它控制着颗粒在水平方向上的相对运动。较高的切向粘结强度会使颗粒之间更难以滑动，从而增加了颗粒材料的抗剪强度，模拟了颗粒材料中的摩擦效应。切向粘结强度通常用符号 S 表示。

固定 $T/S=1$，取粘结强度为 10、30、100、300kPa，研究粘结强度的影响，试样累积应变随振动次数的变化曲线如图 5-5 所示。

由图 5-5 可知，粘结强度对应变发展同样有着重要影响，如图 5-5（a）～图 5-5（c）所示，随着粘结强度的增加，试样发生塑性变形的能力极速减小，在粘结强度超过 100kPa 以后，颗粒在垂直方向上受到的粘结力大于加载受到的力，试样基本没有产生塑性应变。由图 5-5（c）、图 5-5（d）可以看出，随着粘结强度的增加，弹性应变的范围也发生了一定程度的减小，试样更加稳定。粘结强度的取值也满足强度越大塑性应变越小的规律。

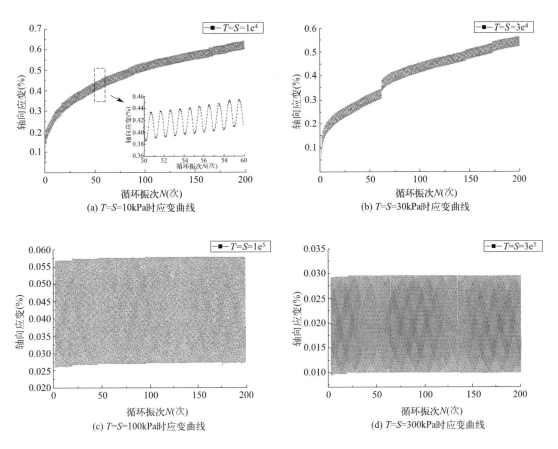

图 5-5　不同粘结强度下应变随振动次数的变化曲线

5.1.6　法向粘结强度对应变的影响

将切向粘结强度固定为 30kPa，调整法向粘结强度的值，研究法向粘结强度的影响，不同拉剪比试样累积应变随振动次数的变化曲线如图 5-6 所示。

由图 5-6 可知，随着法向粘结强度的增加，试样塑性应变逐渐减小，在法向粘结强度比切向粘结强度为 1:1 到 5:1 的过程中，试样塑性应变减小较为明显，增加法向粘结强度会导致颗粒更难以分离，因此在颗粒受到压缩或挤压时，它们会更紧密地堆积在一起。

当法向粘结强度比切向粘结强度大于 5∶1 时，法向粘结强度对塑性变形能力的改变影响较小，试样塑性应变几乎没有发生变化。可以得出，法向粘结强度能在一定程度上影响试样的塑性变形。

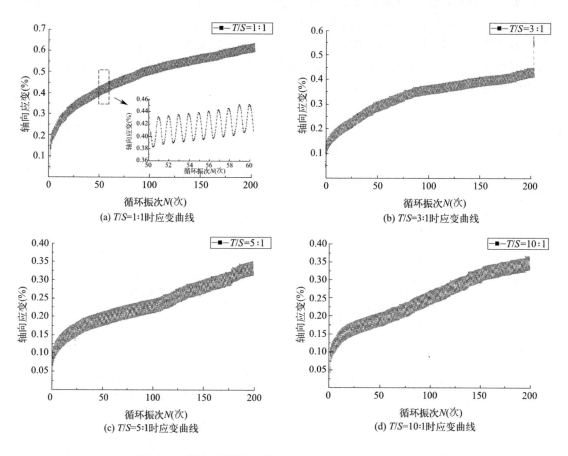

图 5-6　不同法向粘结强度下应变随振动次数的变化曲线

5.1.7　切向粘结强度对应变的影响

将法向粘结强度固定为 30kPa，调整切向粘结强度的值，研究切向粘结强度的影响，不同拉剪比试样累积应变随振动次数的变化曲线如图 5-7 所示。

相较于法向粘结强度，切向粘结强度对试样塑性应变的影响更为明显，变化更加强烈。切向粘结强度控制颗粒之间的相对滑动，较高的切向粘结强度会使颗粒更难发生相对滑动，从而增加颗粒材料的抗剪强度。从图 5-7 中可以看出，随着法向粘结强度的增加，试样塑性应变同样是明显减小，粘结强度达到一定值以后试样塑性变形基本不再累积。切向粘结强度还会影响颗粒流的黏性行为，较高的切向粘结强度将导致更多的内部摩擦，使颗粒流更加黏性，当法向粘结强度比切向粘结强度达到 1∶3 时，试样基本不再产生塑性应变。

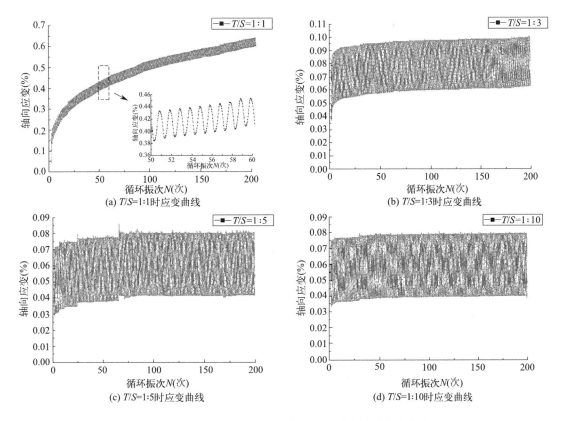

图 5-7 不同切向粘结强度下应变随振动次数的变化曲线

5.2 法向、切向接触力微观组构分析

基于上述数值模拟与室内试验宏观响应相同的条件下，通过颗粒流软件 PFC 从微观角度分析粗颗粒填料在循环荷载作用下的破坏机理。PFC 能够监测加载过程中试样内部颗粒的法向接触力、切向接触力、孔隙度、颗粒平均配位数以及颗粒位移场的演化，从而深入理解在不同含水率、动应力比和围压条件下各微观参数的变化规律。

通过使用 PFC 内置的 FISH 语言，对循环荷载结束后对试样内部颗粒间接触力的统计分析，并绘制成玫瑰花图，以比较和分析不同条件下的法向和切向接触力差异，进一步揭示海相软土在微观层面的组构特性及其在循环荷载作用下的响应机制。

5.2.1 不同含水率条件下法向、切向接触力

统计不同含水率条件下试样法向、切向接触力大小及方向绘制玫瑰花图，分析不同含

水率对法向、切向接触力演化规律的影响。玫瑰花图径向坐标为平均接触力，单位为kN，环向坐标为统计方向，单位为°。

不同含水率条件下法向接触力分布如图5-8所示。图5-8（a）为50kPa围压的试样在不同含水率条件下的法向接触力玫瑰花图，通过PFC模拟得到的数据，我们观察到法向接触力的分布形式呈现出典型的"花生状"特征，其中轴向接触力显著高于径向接触力，表明在轴向加载下，颗粒间的相互作用力增强，而围压提供的径向约束则限制了颗粒间在径向上的移动和相互作用，导致法向接触力自轴向向径向递减。

进一步分析表明，当含水率低于50％时，随着含水率的逐渐增加，试样内部颗粒间各个方向的法向接触力相应增大。这一现象可以归因于毛细水桥效应的显著增强，该效应在颗粒间形成吸引力，促进颗粒间的粘结，进而增加法向接触力。此外，低含水率条件下的水分还起到润滑作用，有助于颗粒重排和更紧密的堆积，从而在各个方向上增强法向接触力。

然而，当含水率超过50％时，随着含水率的进一步增加，颗粒间的法向接触力不再增加，反而出现减小的趋势。这主要是由于过量水分导致孔隙水压力的增加，从而减少了颗粒间的有效应力。同时，高含水率条件下增强的润滑效应及颗粒间的浮力效应也在一定程度上减少了颗粒间的直接接触和相互作用力，进一步导致法向接触力的降低。

图5-8（b）为100kPa围压、动应力比0.15的试样在不同含水率条件下的法向接触力玫瑰花图，通过对100kPa围压条件下试样在不同含水率条件下的法向接触力进行细致分析，我们发现了法向接触力的分布呈现出明显的"花生状"形态，其中轴向接触力显著高于径向接触力。该分布模式进一步印证了在轴向加载和径向围压的共同作用下，颗粒间的接触力传递机制呈现普遍性特征。值得注意的是，在增大围压至100kPa的条件下，含水率对法向接触力影响的阈值观测为55％，与先前在50kPa围压条件下观察到的50％含水率阈值存在差异。

在含水率低于55％的情况下，随着含水率的增加，试样内部颗粒间的法向接触力呈现增大趋势。这一现象可归因于毛细水桥效应的增强，该效应在较高围压下导致颗粒间的粘结和摩擦力增加，尤其是在较高的含水率阈值下更为显著。这表明，在较高围压条件下，颗粒间由于初始接触更为紧密，对水分引起的物理化学作用更为敏感。

然而，当含水率超过55％时，颗粒间的法向接触力不再随含水率增加而增加，反而呈现减小趋势。这主要归因于高含水率条件下孔隙水压力的增加和润滑效应的加强，这两者均能降低颗粒间的有效应力和摩擦，从而导致法向接触力减少。此外，较高围压条件下颗粒间的水膜更易形成连续相，进而在较低含水率时就开始影响颗粒间的力学行为。

值得注意的是，在100kPa围压条件下，法向接触力从60kN增至120kN，尽管动应力比未发生变化。这一发现凸显了更高围压下颗粒间相互作用的增强，即便在相同动态加载的比例下，与50kPa围压条件下的试样相比，100kPa围压下的试样在动态加载下展现了更大的接触力变化。这一差异强调了围压在土体动态响应中的重要角色，即更高的围压为颗粒间的相互作用提供了更强的基础，导致在相同的动应力比条件下产生了更大的接触力增幅。

图 5-8（c）为 100kPa 围压、动应力比 0.25 的试样在不同含水率条件下的法向接触力玫瑰花图，在 100kPa 围压条件下，将动应力比从 0.15 提升至 0.25 时我们发现，尽管动应力比有所增加，试样内部颗粒间的法向接触力分布仍然保持了典型的"花生状"形态，其中轴向接触力显著大于径向接触力，展示出自轴向向径向递减的分布特征。值得注意的是，相较于动应力比为 0.15 的条件，本次试验条件下的法向接触力及含水率阈值并没有显示出明显的变化。

理论上，动应力比的增加预期会导致更剧烈的颗粒间相互作用，从而增加法向接触力。然而，本研究结果表明，在一定的围压条件下，颗粒间的接触力分布对动应力比的增加显示出一定程度的不敏感性。这可能归因于颗粒间的接触在初始动态加载下已趋于稳定，使得进一步增加动态加载的强度并未引起颗粒间接触模式的显著变化。

此外，颗粒材料的内部结构可能在较低的动应力比下已达到一种"动态饱和"状态，使得额外的动态加载不足以引起法向接触力的进一步增加，即进一步增加加载强度不会导致颗粒间接触模式的显著变化，因为能量主要通过颗粒的重新排列和内部摩擦来耗散。这种情况下，法向接触力的总体分布保持稳定，即使动应力比有所增加。

在分析围压为 100kPa 及动应力比提升至 0.35 的试样时，观察到的法向接触力分布仍然呈现"花生状"形态，与之前动应力比为 0.15 和 0.25 的试样相比，法向接触力没有明显变化，但含水率阈值降低到了 50%。含水率阈值降低到 50%，相较于之前的动应力比条件，可能是由几个因素引起的。首先，更高的动应力比可能加剧了颗粒间的动态作用，导致颗粒重排和定向排列更为频繁，从而在更低含水率时就能触发颗粒间接触力的变化。其次，更高动应力比下的颗粒运动可能增加了颗粒表面的干燥区域，从而在较低含水率下减少了由毛细水桥引起的粘结效应，使得法向接触力对含水率变化更为敏感。此外，动态加载的增加可能导致颗粒间的润滑效应在较低含水率时就变得显著，因此，水分对法向接触力的影响在较低含水率阈值时就显现出来。

图 5-8（e）为 100kPa 围压动应力比 0.25 的试样在不同含水率条件下的法向接触力玫瑰花图，通过对 200kPa 围压条件下试样在不同含水率条件下的法向接触力进行细致分析，我们发现了法向接触力的分布呈现出明显的"花生状"形态，其中轴向接触力显著高于径向接触力。该分布模式进一步印证了在轴向加载和径向围压的共同作用下，颗粒间的接触力传递机制呈现普遍性特征。在 200kPa 围压条件下，法向接触力从 120kN 增至 250kN，尽管动应力比未发生变化。这一发现凸显了更高围压下颗粒间相互作用的增强，即便在相同动态加载的比例下。与 100kPa 围压条件下的试样相比，200kPa 围压下的试样在动态加载下展现了更大的接触力变化。这一差异强调了围压在土体动态响应中的重要角色，即更高的围压为颗粒间的相互作用提供了更强的基础，导致在相同的动应力比条件下产生了更大的接触力增幅。

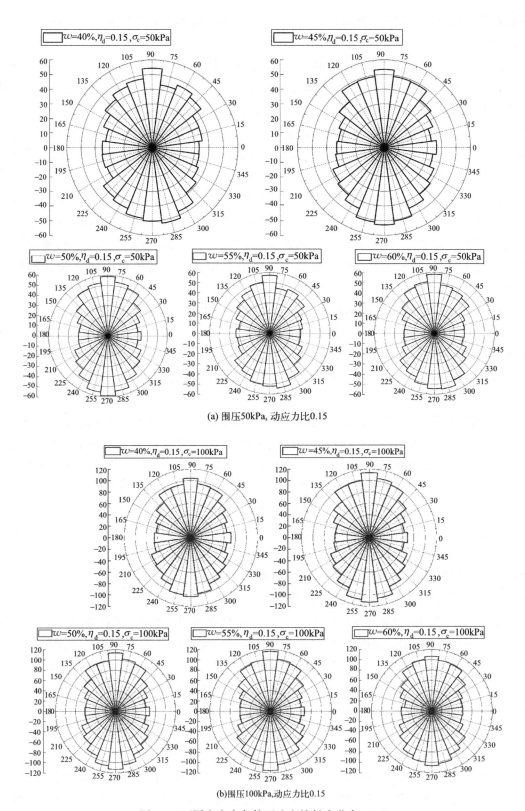

(a) 围压50kPa, 动应力比0.15

(b)围压100kPa,动应力比0.15

图 5-8 不同含水率条件下法向接触力分布（一）

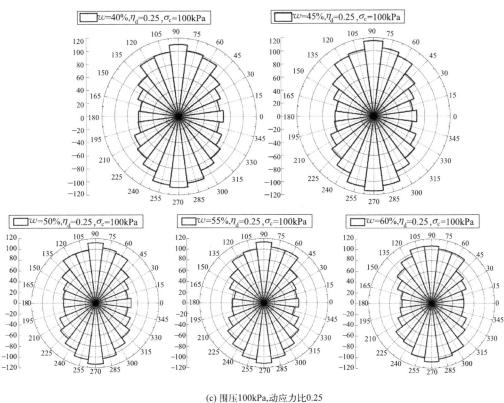

(c) 围压100kPa,动应力比0.25

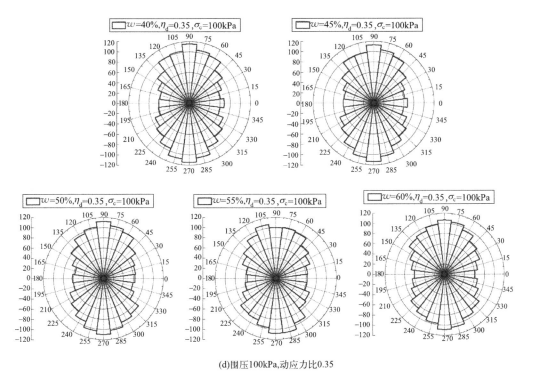

(d)围压100kPa,动应力比0.35

图 5-8　不同含水率条件下法向接触力分布（二）

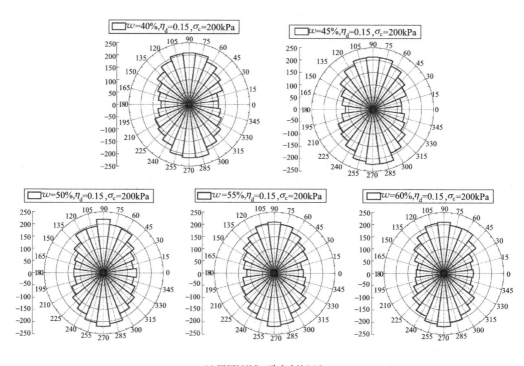

(e) 围压200kPa,动应力比0.15

图 5-8 不同含水率条件下法向接触力分布（三）

图 5-9（a）为 50kPa 围压的试样在不同含水率条件下的切向接触力玫瑰花图，在固定动应力比为 0.15 及围压为 50kPa 条件下，随着含水率从 40% 增至 60% 的变化，切向接触力的分布从初始的圆形模式转变为更为复杂的"椭圆状"形态，显示出颗粒间切向接触力的方向性变化。此外，随含水率增加，轴向与径向的切向接触力均呈现减小趋势，但径向接触力的减少幅度更为显著，导致轴向接触力逐渐超过径向接触力。分析原因可能为，含水率的提高导致颗粒表面的润滑效果显著增强，减少了颗粒间的摩擦力，从而导致切向接触力的整体降低。这种润滑作用尤其影响了颗粒接触点的切向力，降低了颗粒间在动态加载过程中的摩擦阻力。随着含水率的增加，颗粒间发生更频繁的重排现象，颗粒寻找到更优化的排列和应力传递路径。这种重排过程导致了切向接触力的降低，尤其是在径向上，颗粒间的相互作用受到水分润滑效应的直接影响。含水率增加引起切向接触力分布从圆形向"椭圆状"形态的转变，反映了含水率对颗粒间接触力方向性的显著影响。随着含水率的提升，颗粒间由于润滑效应在不同方向上的影响差异，造成了轴向与径向切向接触力之间差异的增大，进一步形成了明显的"椭圆状"分布模式。

图 5-9（b）为 100kPa 围压动应力比 0.15 的试样在不同含水率条件下的切向接触力玫瑰花图，可以看出，随着含水率的逐步提升，试样内部颗粒间的切向接触力分布经历了从初始的圆形模式向更复杂的"椭圆状"形态的转变。与围压为 50kPa 条件相比较，本试验条件（100kPa 围压）下接触力显著变化，即从 6kN 增至 12kN，反映了围压增加对颗粒间接触力的直接影响。分析原因为围压增加带来了颗粒间压缩增强，在 100kPa 的围压下，颗粒间经历了更大的初始压缩，相较于 50kPa 条件下，这种增强的初始压缩状态促进了更高的切向接触力产生，尤其是在动态加载的情况下，颗粒间的相互挤压作用更加明显。

图 5-9（c）为 100kPa 围压、动应力比 0.25 的试样在不同含水率条件下的切向接触力玫瑰花图，对不同含水率（40%～60%）的土体试样进行深入分析。发现随着动应力比的增加，切向接触力分布经历了从圆形到更加"椭圆状"的明显转变。在动应力比提高的过程中，虽然接触力的总量未见显著变化，但轴向接触力相对于径向接触力呈现增加趋势，导致了分布模式的椭圆形态变得更加明显。分析原因为在 100kPa 的围压条件下，动应力比提升至 0.25，虽然未导致接触力总量的显著变化，但改变了接触力的分布模式。反映了动应力比增加时，颗粒间相互作用的方向性差异增强，尤其是轴向接触力相对于径向接触力增加。这种方向性的变化可能源于更高动应力比下，颗粒间在轴向受到的动态压缩力增强，而含水率的提升又加剧了颗粒间的润滑效应，尤其在径向上减少了摩擦，从而使得接触力分布呈现出更加突出的"椭圆状"特征。

图 5-9（d）为 100kPa 围压、动应力比 0.35 的试样在不同含水率条件下的切向接触力玫瑰花图。随着动应力比的增加，轴向接触力相对于径向接触力的增加明显，切向接触力分布经历了从圆形到更加"椭圆状"的明显转变。表明动应力比的增加强化了颗粒间相互作用的方向性，尤其是在轴向上的动态压缩效应。在较高的动应力比下，颗粒间在轴向受到更大的动态压缩力，含水率的增加又增强了颗粒间的润滑效果，尤其在径向上降低了颗粒间的摩擦，从而导致"椭圆状"分布模式的形成和强化。

图 5-9（e）为 200kPa 围压、动应力比 0.15 的试样在不同含水率条件下的切向接触力玫瑰花图。与围压为 50kPa 和 100kPa 条件相比较，本试验条件（100kPa 围压）下接触力显著变化，从 6kN 增至 12kN 再到 18kN，反映了围压增加对颗粒间接触力的直接影响。

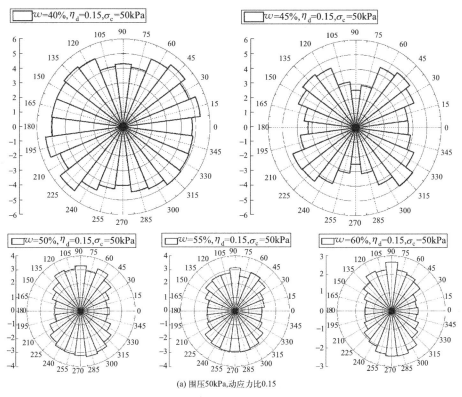

(a) 围压50kPa,动应力比0.15

图 5-9　不同含水率条件下切向接触力分布（一）

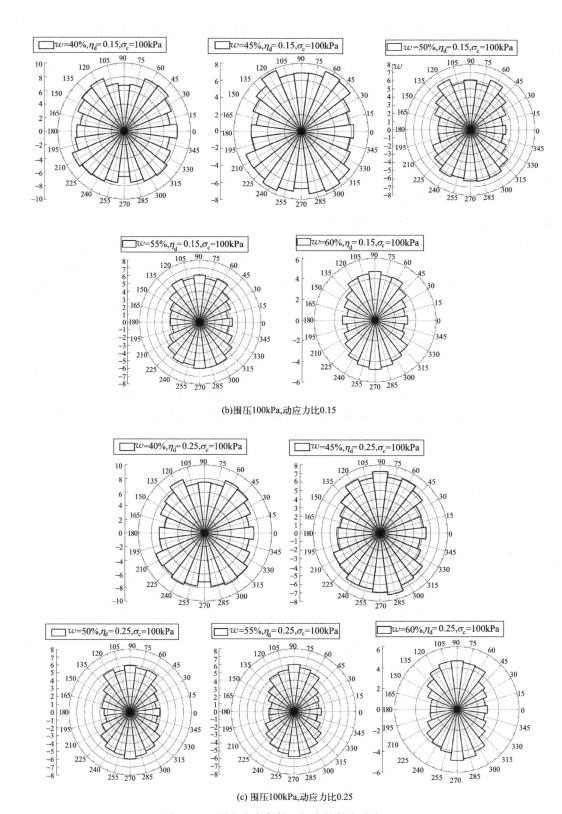

(b)围压100kPa,动应力比0.15

(c) 围压100kPa,动应力比0.25

图 5-9　不同含水率条件下切向接触力分布（二）

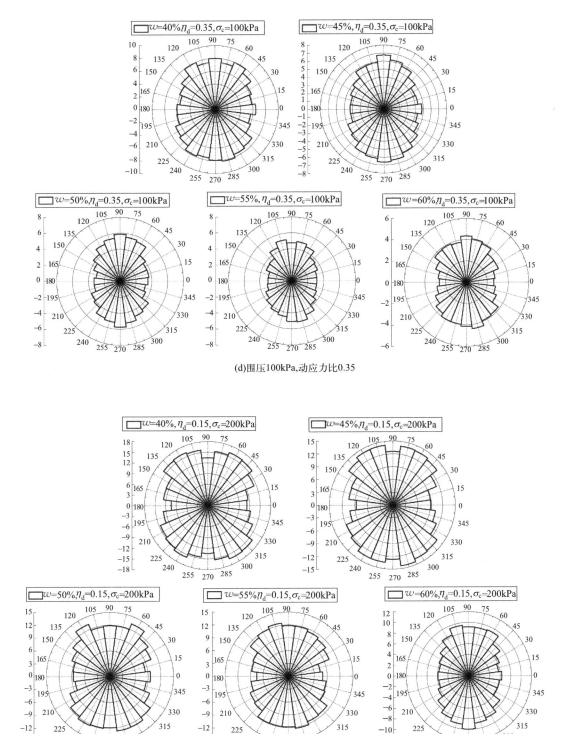

(d)围压100kPa,动应力比0.35

(e) 围压200kPa,动应力比0.15

图 5-9 不同含水率条件下切向接触力分布（三）

5.2.2　不同动应力幅值下法向、切向接触力

对 100kPa 围压下不同动应力比（0.15、0.25 和 0.35）条件的试样进行分析。如图 5-10 所示，尽管动应力比经历了显著的增加，试样内颗粒间的法向接触力分布模式仍旧维持了其典型的"花生状"形态，轴向接触力显著大于径向接触力，并呈现自轴向向径向递减的分布特性。值得注意的是，在动应力比增至 0.35 的条件下，与较低动应力比条件相比，并未观察到法向接触力的明显变化，这一发现说明了即便在较高的应力条件下颗粒间接触力分布的稳定性。

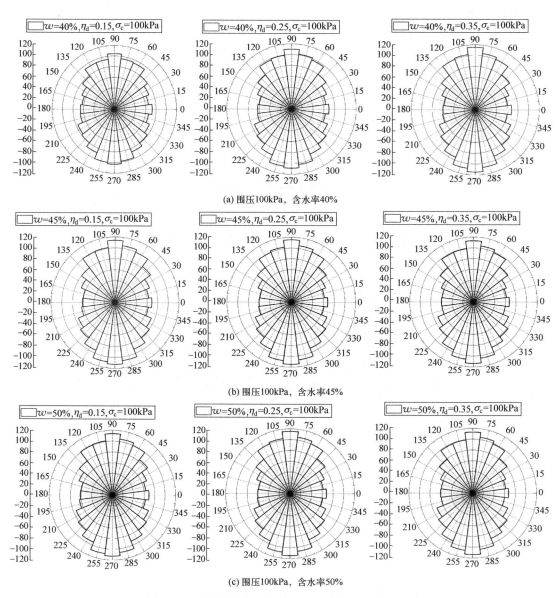

图 5-10　不同动应力比条件下法向接触力分布（一）

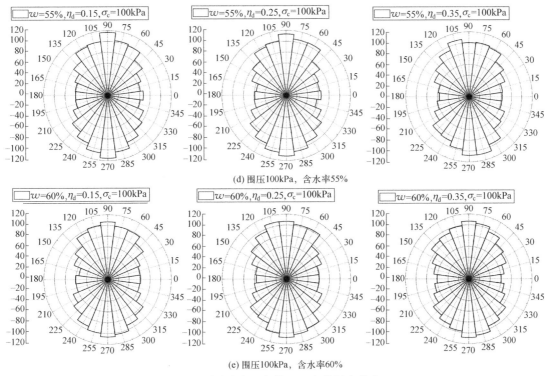

图 5-10　不同动应力比条件下法向接触力分布（二）

这一稳定性可能是因为颗粒间的接触力分布达到了一种动态平衡状态，即颗粒间的相互作用在经历初步的动态加载后迅速适应，以至于在进一步增加动态加载时，已经达到了一种饱和状态，使得法向接触力的分布不再发生显著变化。此外，颗粒材料的内部结构及其对动态加载的响应能力，可能存在一个动态应力阈值，超过该阈值，颗粒间的接触力不再随动态应力比的增加而显著变化。这表明颗粒间的力传递机制在一定的加载条件下达到了其物理和力学的限制。

图 5-11 为 100kPa 围压条件下不同动应力比对土体颗粒间切向接触力的影响。对 100kPa 围压下不同动应力比（0.15、0.25 和 0.35）条件的试样分析，随着含水率的增加，试样内部颗粒间切向接触力的分布模式经历了从圆形到"椭圆状"形态的转变。尽管动应力比从 0.15 增至 0.25，再至 0.35 的变化过程中，接触力的总量未见明显变动，但是随着动应力比的增加，轴向接触力和径向接触力均呈现减小趋势，其中径向接触力的减小程度尤为显著，导致了切向接触力分布模式向更加明显的"椭圆状"形态发展。

分析原因为，随着含水率的提升，颗粒表面的润滑效果显著增强，同时毛细水桥效应可能因水分过量而减弱。这种影响在动态加载条件下尤为明显，尤其当动应力比提升时，润滑效应在减少颗粒间摩擦中起到了决定性作用。因此，尽管轴向接触力和径向接触力均有所减小，但由于径向上润滑效应的显著增强，导致了接触力分布模式向更加显著的"椭圆状"形态发展。动应力比提升至 0.35，虽然未引起接触力总量的明显改变，但动态加载的强化导致了颗粒间相互作用力的方向性差异增加。轴向与径向接触力的变化反映了颗粒间由于动态压缩在轴向上受到的影响增强，而含水率的增加则加剧了颗粒间的润滑效应，在径向上降低了颗粒间的摩擦，导致了接触力分布模式的转变。

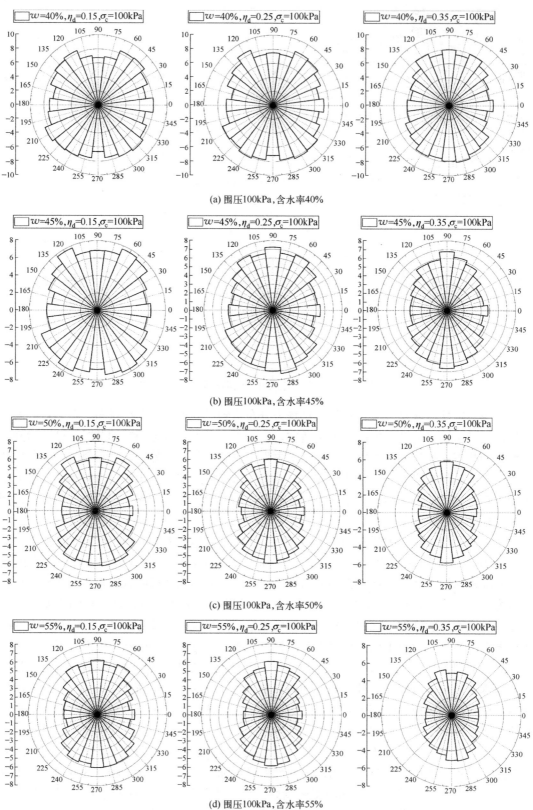

(a) 围压100kPa,含水率40%

(b) 围压100kPa,含水率45%

(c) 围压100kPa,含水率50%

(d) 围压100kPa,含水率55%

图 5-11　不同动应力比条件下切向接触力分布（一）

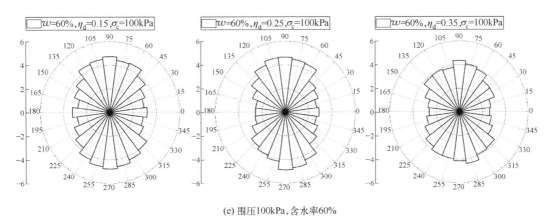

(e) 围压100kPa, 含水率60%

图 5-11　不同动应力比条件下切向接触力分布 (二)

5.2.3　不同围压条件下法向、切向接触力

图 5-12 为固定动应力比为 0.15, 不同围压条件 (50、100 及 200kPa) 对试样法向接触力分布的影响。无论围压多大, 法向接触力的分布均保持了一致的"花生状"模式, 其中轴向接触力显著高于径向接触力, 且表现出自轴向向径向递减的分布特征。随着围压的增加, 法向接触力从 60kN 增至 120kN, 再进一步增至 250kN, 揭示了围压对颗粒间接触力显著影响的趋势。

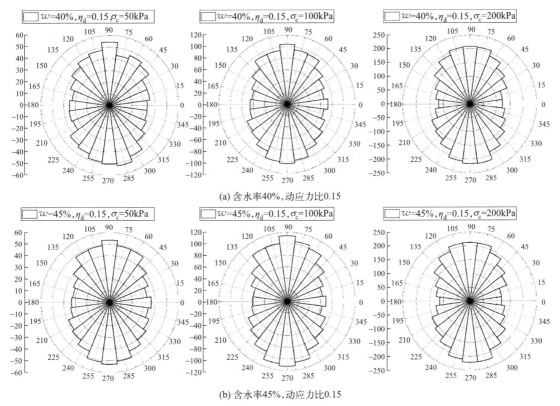

(a) 含水率40%, 动应力比0.15

(b) 含水率45%, 动应力比0.15

图 5-12　不同围压条件下法向接触力分布 (一)

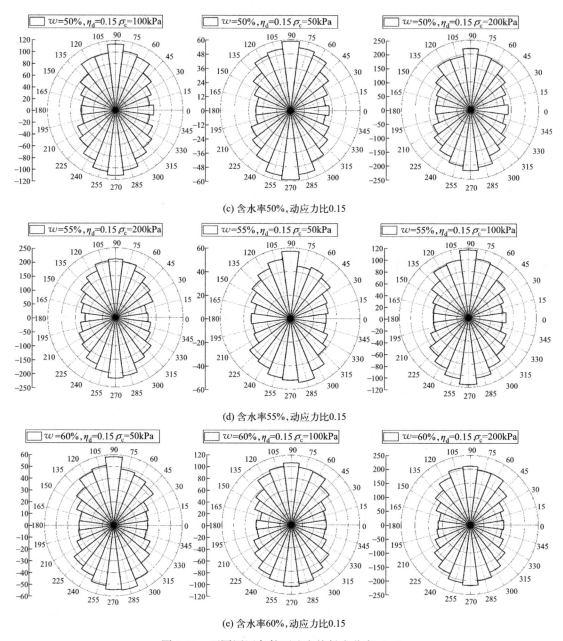

(c) 含水率50%，动应力比0.15

(d) 含水率55%，动应力比0.15

(e) 含水率60%，动应力比0.15

图 5-12　不同围压条件下法向接触力分布（二）

　　分析原因可能为，围压增加导致颗粒间初始接触状态变得更紧密，从而提高了颗粒间传递力的效率。这种紧密的接触状态不仅增加了颗粒间的直接接触点数量，而且还促使颗粒通过更有效的力传递路径来重新排列，从而显著增强了轴向的法向接触力。随围压的增加，颗粒发生重排及应力路径优化，在较高围压下，颗粒通过复杂的重排机制来适应外部加载，不仅增强了轴向接触力，也在一定程度上改变了径向接触力的分布，进而维持了"花生状"模式的特征。围压越高颗粒间相互作用力越强，更高围压下的颗粒间相互挤压作用增强，使得动态加载引起的颗粒间作用力绝对值增加，导致整体法向接触力的提升。

也可能是在更高围压条件下颗粒间接触频率的增加，有助于加强颗粒间的力传递，从而进一步提升法向接触力。

图 5-13 为固定动应力比为 0.15，不同围压条件下（50、100 及 200kPa）对试样切向接触力分布的影响。可以看出，在围压从 50kPa 增至 100kPa 到 200kPa 的过程中，轴向接触力和径向接触力明显增大，切向接触力相应扩大一倍至四倍，且接触力的分布模式随围压的增加呈现出更为明显的"椭圆状"特征，其中轴向接触力的增加程度较大。

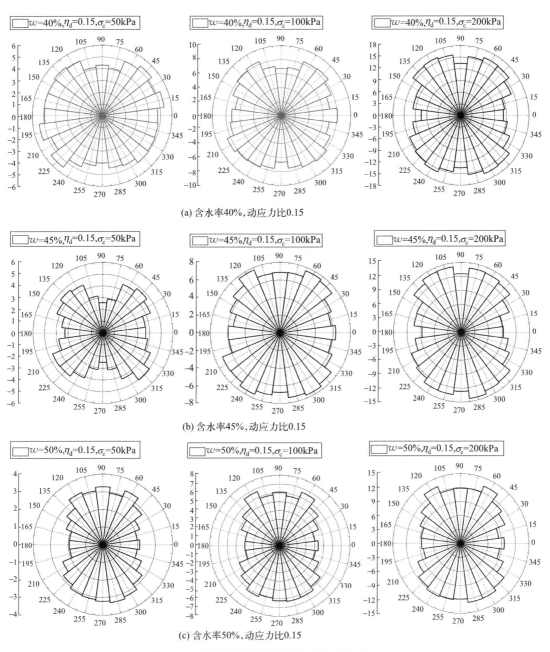

(a) 含水率40%，动应力比0.15

(b) 含水率45%，动应力比0.15

(c) 含水率50%，动应力比0.15

图 5-13　不同围压条件下切向接触力分布（一）

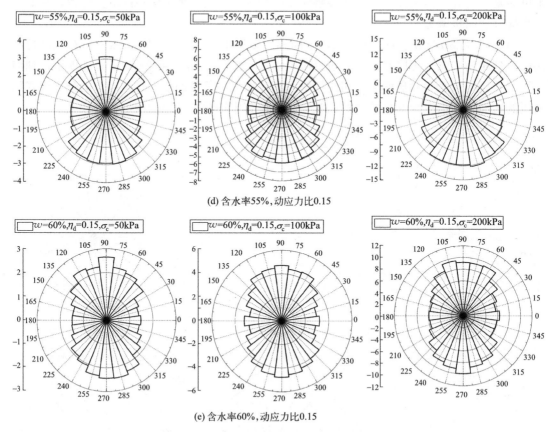

(d) 含水率55%，动应力比0.15

(e) 含水率60%，动应力比0.15

图 5-13　不同围压条件下切向接触力分布（二）

　　分析原因为，围压的增加引致颗粒间接触压力的显著提升，直接增强了颗粒间的相互作用力。动态加载也促进了颗粒间更紧密的接触，从而在轴向和径向上增强了接触力。特别地，随着围压的增加，颗粒可能发生更复杂的重排和应力路径优化，优化了颗粒间的力传递路径，尤其在轴向上，导致了轴向接触力的相对增加。围压的增强导致了颗粒间接触力的整体增加，特别是轴向接触力的增加程度较大，这导致了切向接触力分布模式呈现出更加明显的"椭圆状"特征。这一演变过程反映了动态加载条件下，颗粒间相互作用力的方向性差异，以及含水率增加对颗粒间润滑效应的显著贡献。

5.3　试样孔隙度

　　试样孔隙度在循环荷载作用下的演化规律能直接反映出试样内部颗粒的相对位移情况，是研究海相软土微观组构的一个重要参数。孔隙度，作为颗粒材料中空隙体积与总体积之比的量度，对于理解颗粒材料的物理和力学特性起着至关重要的作用。在 PFC 模拟研究中，孔隙度不仅作为评估材料如土壤、岩石等物理状态的关键指标，更是预测其在外部加载作用下行为变化的基础。

　　孔隙度的变化直接影响材料的渗透性、压缩性和整体强度，从而在 PFC 模拟中成为一个不可或缺的参数。通过对孔隙度的精确监测，可以揭示颗粒间相互作用的变化，包括在受到压缩、剪切等外部力作用时颗粒系统的响应。颗粒重排和结构变化所引起的孔隙度变化，为分析材料在不同应力条件下的变形机制和破坏模式提供了参考。在数值试样内部导入测量圆模型，实时监测整个加载过程中测量圆内部颗粒孔隙度的变化绘制成曲线，研究不同状态的试样孔隙度变化规律。测量圆模型如图 5-14 所示。

需要说明的是，在数值模拟中，孔隙度随振动次数的增加也呈现出正弦变化曲线，但由于振动次数过多，曲线密集，不利于结果分析。因此本书借助 Python 软件对数值模拟曲线进行处理，以含水率 40%、动应力比 0.25、围压 100kPa 试样为例，如图 5-15、图 5-16 所示图中绿色部分为孔隙度和配位数随振动次数变化曲线，红线部分为孔隙度和配位数所取平均值，下文中颗粒配位数采用同样的处理方式。

图 5-14   测量圆模型

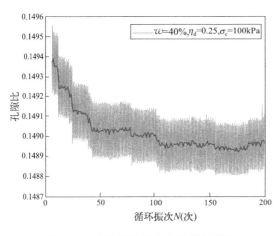

图 5-15   孔隙度随振动次数变化曲线

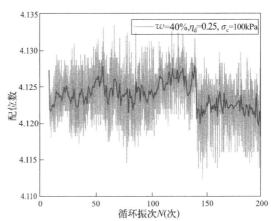

图 5-16   配位数随振动次数变化曲线

5.3.1   不同含水率条件下孔隙度演化

图 5-17 为不同含水率条件下孔隙度随循环次数的变化曲线，从图中可以看出，在重复循环加载的条件下，试样内部的孔隙度经历了初期的调整后，基本达到了一种动态平衡状态，随着循环次数的进一步增加，孔隙度保持相对稳定。这一观察表明，颗粒间的相互作用和排列方式在经历了初始阶段的快速适应之后，趋于一种稳定的结构配置，从而使得孔隙度在后续的循环加载过程中未表现出明显的变化。

进一步分析含水率对孔隙度变化的影响，研究发现随着含水率从 40% 增至 60% 的逐步提升，试样的孔隙度逐渐减小，且这种减小的幅度随含水率的增加而逐步增大。这一趋势凸显了水分在颗粒材料中的重要作用，特别是润滑效应的增强和毛细水桥效应的促进，这两者共同作用于颗粒间的相互作用，导致颗粒能够更紧密地堆积，进而降低孔隙度。

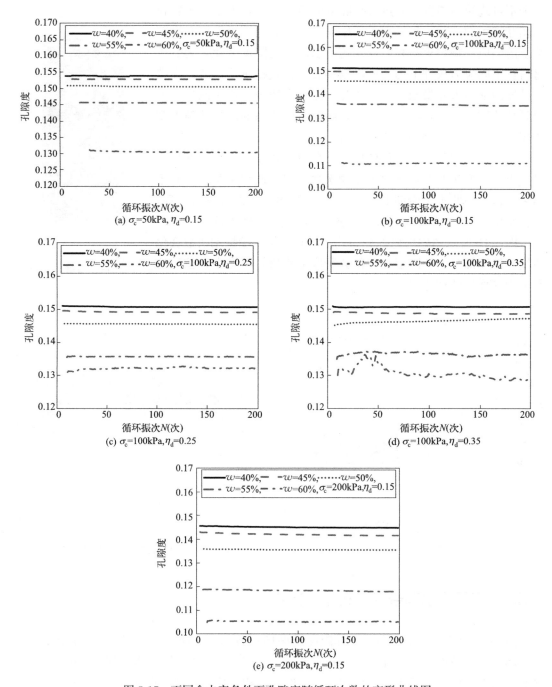

图 5-17　不同含水率条件下孔隙度随循环次数的变形曲线图

5.3.2　不同动应力幅值下孔隙度演化

图 5-18 为不同动应力比条件下孔隙度随循环次数的变形曲线，从图中可以看出，在持续的循环加载过程中，试样内部的孔隙度表现出了相对稳定的波动下降趋势，暗示颗粒

结构在经历初始的快速适应后，达到了一种动态平衡状态。值得注意的是，在相同围压条件下，动应力比的增加对孔隙度的影响并不遵循单一的规律。具体而言，在含水率为40%时，孔隙度随动应力比的增加而逐渐减小；而在含水率为45%时，所有动应力比条件下孔隙度均表现出下降趋势，但随着动应力比的升高，孔隙度下降的幅度变得更小。特别地，在动应力比为0.35的条件下，观察到在循环加载的后期，该条件下的试样孔隙度大于动应力比为0.15的试样孔隙度，且随含水率的增加，这一差异趋势变得更为明显，最终导致了在整个循环加载过程中，动应力比为0.35的试样孔隙度始终高于动应力比为0.15的试样孔隙度的现象。

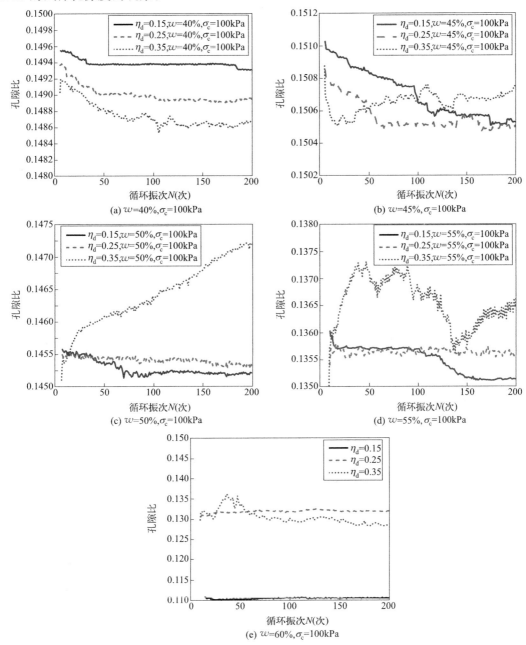

图 5-18　不同动应力比条件下孔隙度随循环次数的变形曲线图

分析原因可能为在较高的动应力比下，颗粒间的相互作用更为频繁和剧烈，导致颗粒重排和结构调整达到一种饱和状态，使得进一步降低孔隙度变得较为困难。在较高含水率条件下，水分的存在显著影响了颗粒间的润滑效应，导致颗粒间的摩擦减少，阻碍了颗粒的紧密堆积，从而影响了孔隙度的变化趋势。随着动应力比的增加，颗粒间由于更频繁地相互作用和碰撞，可能在较高含水率条件下，水分在颗粒间形成的润滑层增加，减少了颗粒间的直接接触和紧密堆积，从而在一定程度上维持或增加了孔隙度。

5.3.3 不同围压条件下孔隙度演化

图 5-19 为不同动应力比条件下孔隙度随循环次数的变化曲线，从图中可以看出，在持续的循环加载过程中，尽管试样内部的孔隙度展现出轻微的波动下降趋势，但整体而言，孔隙度保持了相对的稳定性。这一发现表明，颗粒材料的内部结构在经历了初始阶段的快速调整之后，逐步适应了循环加载的作用，最终达到了一种动态平衡状态。

孔隙度随围压的增加而逐步减小，这一现象可以通过颗粒间接触压力的增强以及颗粒重排和密实度提高两个机制来解释。围压的提高直接加大了作用在颗粒间的压力，促进了颗粒之间更紧密地堆积，从而降低了孔隙度。此外，颗粒结构在较高围压下的重排，进一步优化了颗粒间的应力传递路径，实现了更高的结构密实度。

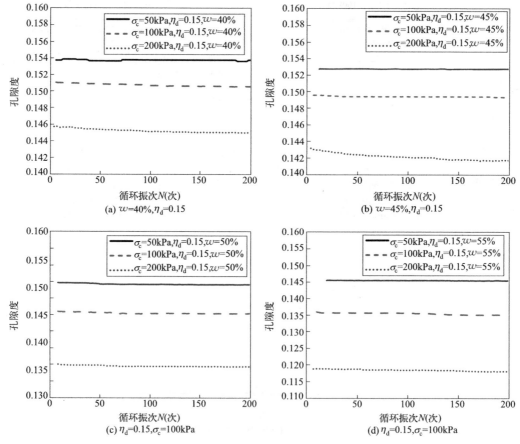

图 5-19 不同围压条件下孔隙度随循环次数的变形曲线图（一）

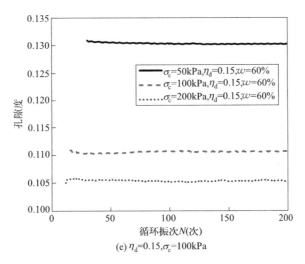

图 5-19　不同围压条件下孔隙度随循环次数的变形曲线图（二）

在相同动应力比和围压条件下，随着含水率的增加，孔隙度呈现出逐步下降的趋势，且含水率越高，孔隙度下降的幅度也越大。这一趋势的形成，主要归因于含水率增加引起的颗粒间润滑效应的增强。含水率的提升导致颗粒表面形成更厚的水膜，减少了颗粒间的直接接触和摩擦，从而使颗粒在加载过程中更易于重排和紧密堆积，进而导致孔隙度的减小。

5.4　颗粒配位数

配位数，定义为一个颗粒周围直接接触的其他颗粒数量，是评估颗粒堆积体结构稳定性和颗粒间相互作用强度的关键参数。在海洋软土的研究领域，配位数不仅反映了颗粒之间的物理接触情况，也直接关联到材料的宏观力学性能，如压缩性、剪切强度和渗透性等。

通过对海洋软土试样模型的配位数进行分析，我们能够深入理解颗粒间的力传递机制以及颗粒结构的稳定性。在离散元方法（DEM）模拟研究中，配位数的变化被用来评估海洋软土在外部荷载作用下的结构调整和变形行为。高配位数通常意味着较强的颗粒间相互作用和更高的结构稳定性，这对于海洋软土这类具有高压缩性和低剪切强度特性的材料而言尤为重要。

此外，配位数的研究还揭示了含水率对海洋软土颗粒结构稳定性的影响。含水率的变化直接影响颗粒间的润滑作用和毛细水桥效应，进而影响配位数。适当的含水率可以促进颗粒间的有效接触和力的传递，而过高的含水率则可能导致颗粒间接触点的减少，降低颗粒结构的稳定性。因此，配位数作为连接微观结构特性和宏观力学行为的桥梁，在理解和预测海洋软土的力学性能方面发挥着至关重要的作用。实时监测加载过程中测量圆内部颗粒配位数的演化规律绘制成曲线，研究不同状态的试样配位数变化规律。

5.4.1　不同含水率条件下配位数演化

图 5-20 为不同含水率条件下配位数随循环次数的变化曲线，从图中可以看出，在循环加载的初期，配位数表现出明显的下降趋势，随后进入了一个缓慢的波动下降阶段，这

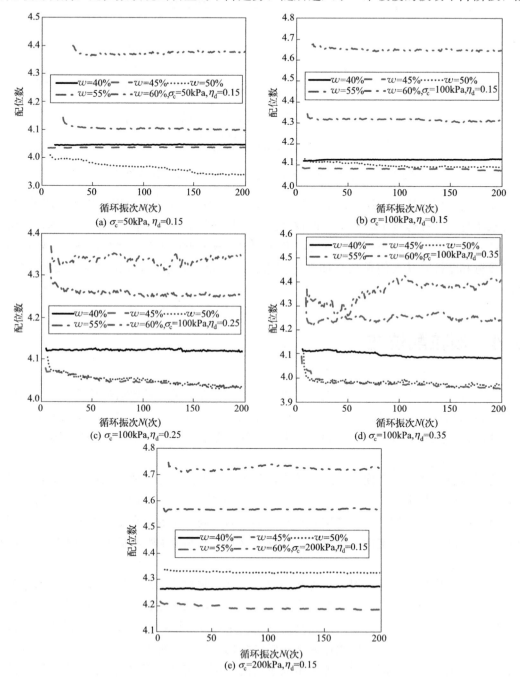

图 5-20　不同含水率条件下配位数随循环次数的变形曲线图

一趋势反映了在重复加载作用下，海洋软土颗粒结构的适应性调整及达到动态平衡的能力。此外，还可以看出含水率对配位数变化规律的显著影响。特别是当含水率从 40% 上升至 45% 时，配位数随含水率的增加而减小，而在含水率从 45% 增至 60% 的范围内，配位数反而随含水率的增加而增大。

分析原因为含水率的增加初期，颗粒表面形成的薄水膜可能增强了颗粒间的润滑作用，减少了颗粒间的直接摩擦，促进了颗粒的紧密堆积，导致配位数的初步下降。然而，随着含水率的进一步增加，过量的水分可能导致颗粒间的有效接触减少，因而配位数随后增加。循环加载引发颗粒重排，在含水率较低时可能导致更紧密的颗粒堆积，从而降低配位数。但在高含水率条件下，颗粒间的过度润滑和可能的毛细水桥效应减弱，阻碍了颗粒的有效重排和堆积，反映为配位数的增加。

5.4.2　不同动应力比条件下配位数演化

图 5-21 为不同动应力比条件下配位数随循环次数的变化曲线，从图中可以看出，随着循环次数的增加，试样内部配位数在加载的初期表现出了明显的下降趋势，而在之后的阶段则转变为一种缓慢且波动的下降模式。说明在循环加载的作用下，海洋软土颗粒结构经历了一系列的适应性调整，最终趋向于一种相对稳定的状态。

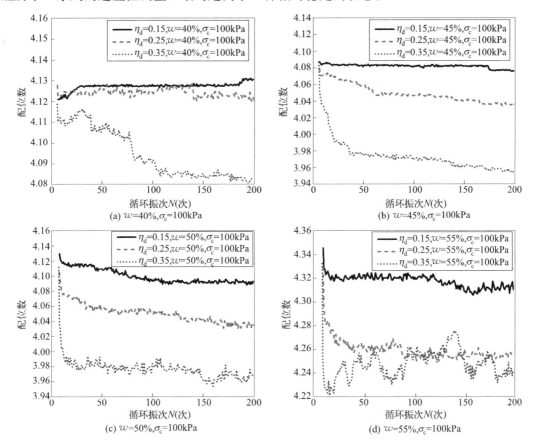

图 5-21　配位数随循环次数的变形曲线图（一）

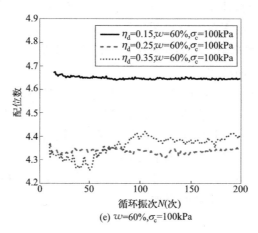

图 5-21　配位数随循环次数的变形曲线图（二）

在相同的围压条件下，随着动应力比的增加，发现配位数的下降趋势在不同含水率条件下呈现出不同的特点。特别是当含水率从 40% 逐渐增加至 60% 时，配位数的变化展现出了随动应力比增加而减小的规律，且这一规律在高含水率及高动应力比条件下尤为显著。分析原因为含水率的提升，特别是在低含水率到中等含水率的过渡区间，增强了颗粒表面的润滑作用，降低了颗粒间的直接摩擦，从而在动态加载的初期促进了颗粒的重排和更紧密的堆积，导致配位数的初步下降。然而，随着含水率进一步增加，过量的水分可能削弱了颗粒间的有效接触，导致配位数的波动下降趋势。在高动应力比及高含水率条件下，颗粒间的润滑效应与动态加载引起的颗粒重排相互作用，影响颗粒间的直接接触和配位数的变化。加载的强度增加可能导致颗粒间接触的瞬时失稳，而高含水率则提供了一种润滑机制，减轻了颗粒间的摩擦，使得配位数的下降幅度更为显著。

5.4.3　不同围压条件下配位数演化

图 5-22 为不同围压条件下配位数随循环次数的变形曲线，从图中可以看出，在相同含水率和动应力比的条件下，随着围压从 50kPa 增加至 200kPa，配位数呈现出逐渐增大的趋势。随着围压的增加，颗粒经历了更复杂的重排过程，可能导致颗粒间形成更多的直接接触点。这种重排过程不仅涉及颗粒间接触数量的增加，也可能涉及颗粒间接触方式的变化，导致配位数的增加。在较高的围压作用下，尤其是对于海洋软土这类较为柔软的颗粒材料，颗粒本身可能发生形变。这种形变有助于增加颗粒间的接触面积，但同时也可能增大整体结构的空隙度，从而在微观层面表现为配位数的增加。

5.5　颗粒位移场

PFC 软件可以时刻监测试样内部各个颗粒的运动情况，绘制位移矢量图，观察试样内部破坏的发生、发展及剪切带的形成。图 5-23～图 5-27 给出了海相软土在不同受力情

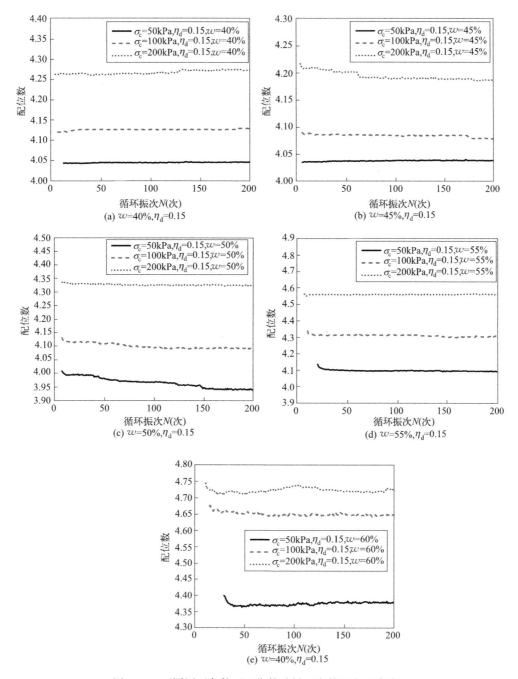

图 5-22　不同围压条件下配位数随循环次数的变形曲线图

况下的颗粒位移分布图，下面将从不同的角度对颗粒位移进行分析。

5.5.1　不同含水率条件下位移场演化

图 5-23～图 5-27 为不同条件下试样颗粒位移场分布图，结合累积动应变曲线对比分

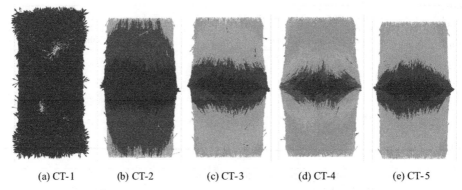

(a) CT-1 (b) CT-2 (c) CT-3 (d) CT-4 (e) CT-5

图 5-23 含水率 40％试样颗粒位移分布图

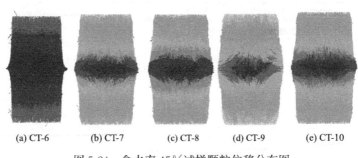

(a) CT-6 (b) CT-7 (c) CT-8 (d) CT-9 (e) CT-10

图 5-24 含水率 45％试样颗粒位移分布图

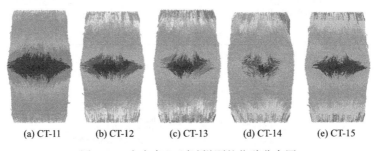

(a) CT-11 (b) CT-12 (c) CT-13 (d) CT-14 (e) CT-15

图 5-25 含水率 50％试样颗粒位移分布图

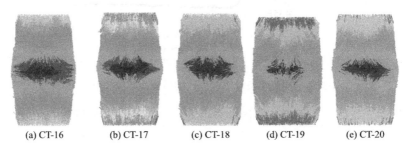

(a) CT-16 (b) CT-17 (c) CT-18 (d) CT-19 (e) CT-20

图 5-26 含水率 55％试样颗粒位移分布图

析。在进行动三轴试验的模拟分析中，位移场的变化趋势及其对不同条件的响应揭示了颗粒材料，特别是海洋软土在循环加载下的复杂行为。位移场的观察结果显示，在含水率较

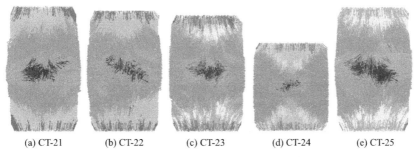

(a) CT-21　　　(b) CT-22　　　(c) CT-23　　　(d) CT-24　　　(e) CT-25

图 5-27　含水率 60％试样颗粒位移分布图

低时，试样的累积动应变较小，且颗粒的运动较为杂乱。随着含水率的增加，尤其是当含水率达到 50％和 55％时，累积动应变逐渐增加，颗粒位移变得更加明显，试样内部开始初步形成剪切带，尽管这些剪切带并未贯穿整个试样，试样仍保持完整。当含水率增至 60％时，试样发生显著破坏，剪切带贯穿了整个试样。较低的含水率条件下，颗粒间的润滑效应不足，导致颗粒运动受阻，因此累积动应变较小，且未能形成有效的剪切带。随着含水率的增加，颗粒间的润滑效应增强，促进了颗粒的位移和重排，有助于剪切带的形成。当试样内部颗粒开始相对移动并累积一定程度的动应变后，颗粒间的相互作用导致局部区域应力集中，进而形成剪切带。随着含水率的进一步增加，颗粒间的相互滑移更为容易，导致剪切带更加明显，并最终在高含水率条件下贯穿整个试样。

此外，随着动应力幅值的增大，试样内部剪切带的形成变得更加明显，直至完全贯穿试样。剪切带的倾角从 0°逐渐增大至 45°，其宽度也随之增大。动应力幅值的增大意味着试样受到更大的循环载荷作用，从而促进了剪切带的发展和扩展。剪切带的倾角逐渐增大至 45°，反映了在动载作用下，剪切带倾向于沿最大剪切应力方向发展，而剪切带宽度的增大则指示了破坏区域的扩展。

5.5.2　不同动应力比条件下位移场演化

从图 5-23～图 5-27 中可以看出，在较低含水率条件下，尽管动应力幅值的提升导致了颗粒位移量的增加，但这并未在试样内部形成明显的剪切带。当含水率提升至 50％时，颗粒的位移变得明显，试样内部开始显现出剪切带的初步形态，尽管这些剪切带并未完全贯穿试样。进一步增加含水率至 60％，观察到剪切带更为明显，并且剪切带的宽度随之增大，示意着试样的剪切破坏。随着动应力幅值的增加，试样内部的剪切带逐渐形成并最终贯穿整个试样。这种变化揭示了动应力幅值在促进剪切带形成和发展中的关键作用，特别是在较高含水率条件下，剪切带变得尤为明显，其宽度也相应增大。

剪切带的形成和发展是由颗粒位移量增加和颗粒间相互作用的结果。在动三轴试验模拟中，剪切带的形成通常标志着材料内部结构的局部破坏，是颗粒重排和局部应力集中的直接表现。当含水率和动应力幅值达到一定条件时，颗粒间的润滑效应和动态加载共同作用，促使颗粒沿着最大剪切应力方向排列，形成剪切带。随着含水率的增加，颗粒间的摩擦减小，加之较高的动应力幅值提供了足够的能量，促进了剪切带的进一步发展和扩展。含水率通过增强颗粒间的润滑效应，降低了颗粒间的直接摩擦，从而促进了颗粒沿特定方向的有序移动，为剪切带的形成提供了条件。较高的动应力幅值为颗粒提供了足够的动能，使得颗粒能够克服初期的摩擦阻力，沿着最大剪切应力方向进行重排和移动，进而促进了剪切带的发展和扩展。

5.5.3　不同围压条件下位移场演化

从图 5-23～图 5-27 中可以看出，在增大围压的情况下，试样内部的颗粒位移显著增加，这表明围压的提升显著促进了颗粒间的相对移动。然而，这种增加的位移并未伴随着剪切带的明显发展，剪切带的形成在高围压条件下受到了抑制。

围压的增加导致了颗粒间正向压力的增大，这种增强的接触压力促进了颗粒间的相对位移。尽管如此，高围压也增加了样品的整体稳定性，使得颗粒间的相互作用更为均匀，从而在一定程度上减少了剪切应力在局部区域的集中，阻碍了剪切带的形成。在高围压条件下，颗粒可能经历更明显的形变，并通过形变和重排吸收剪切变形，导致剪切带的局部化特征减弱。这种颗粒的形变和重排机制在高围压下促进了颗粒位移的均匀分布，进一步抑制了剪切带的集中发展。

第六章
结　论

在近海岸工程领域，海相软土因受到海浪长期循环荷载冲击的作用，力学特性和变形机制与陆地土体有很大不同。为此，本书针对海相软土动力特性进行了系统性研究，旨在揭示循环荷载作用下海相软土的变形规律及其影响因素，为实际工程应用提供理论依据和技术支持。主要研究工作和结论如下：

（1）通过动三轴室内试验，研究海相软土的动力特性。通过调整不同含水率、动应力比和围压等试验条件，分析海相软土的变形特性与破坏模式。研究结果表明：累积轴向应变随着含水率增加而增大，含水率越高应变速率越快。以 100kPa 围压条件下试样为例，含水率在 40％ 至 60％ 的范围内逐步增加时，土样的累积应变从 0.10％ 增至 0.20％、0.80％、1.10％ 直至 2.62％，每增加 5％ 的含水率，土样的累积应变明显提高，含水率从 55％ 增至 60％ 时应变的增量尤为显著；在采用相同应力比进行试验时，围压越大，所施加的应力越大，应变越大，说明围压的强化效应不是土体强度主要的影响因素；在循环荷载作用下，试样在加载和卸载过程中所经历的应变范围逐步缩小，滞回曲线围成的面积也随之减少，土体显示出应变硬化趋势。随着围压的增加，土体显示出应变范围缩小和硬化趋势，而在固定围压下，增加动应力比和含水率导致应变范围扩大和土体软化的现象；通过对滞回曲线的前 10 次循环进行详细分析，随着动应力比、围压和含水率的提高，试样的应变范围显著增加，滞回圈相应地变得更长并向轴向应变方向倾斜，滞回圈整体面积越大，能量耗散能力逐渐增强；动弹性模量随动应变增加先缓慢下降然后上升，最终在某一点出现拐点迅速上升，表明材料先经历了应变软化后经历应变硬化过程。

（2）通过带入 Monismith 经典模型，考虑了不同围压和含水率作用下海相软土"累积变形"的发展趋势，验证了不同条件影响下海相软土累积塑性应变模型，提出了本论文所研究的海相软土的模型预测参数，对第一部分试验数据进行了理论总结与规律分析，对动三轴试验得到不同围压和含水率作用下试样的累积塑性应变的试验结果与模型预测结果进行对比，结果表明模型能够很好地预测海相软土累积塑性应变的发展规律，其中含水率对模型的影响更为明显。

（3）应用数值分析法，进行海相软土数值模型应变特性的敏感性分析，考虑不同细观参数等因素。研究结果表明：不同细观参数对模拟影响明显。摩擦系数对累积塑性应变的影响最为明显。较高的摩擦系数会导致颗粒之间更大的内摩擦力，从而使试样更难以变形，随着摩擦系数的增大，试样的塑性变形明显减小。线性有效模量和刚度比对累积塑性应变的影响较为明显，随着线性有效模量和刚度比的增大，试样的塑性变形明显减小。其中线性有效模量的影响较大，较高的有效模量表示试样具有更高的弹性刚度，在加载后更容易恢复到原始形状。粘结强度对累积塑性应变的影响较为明显，随着粘结强度的增大，试样的塑性变形明显减小。相较于法向粘结强度，切向粘结强度对试样塑性应变的影响更为明显，变化更加强烈。切向粘结强度控制颗粒之间的相对滑动，较高的切向粘结强度会使颗粒更难发生相对滑动。

（4）利用颗粒流软件对动三轴试验进行数值模拟，研究不同含水率、动应力比和围压等条件对海相软土细观层面的影响，将数值模拟结果与试验数据进行对比分析验证模拟的准确性，为第一部分补充完善了海相软土参数差异性对力学性能影响方面的相关研究，并为第四部分海相软土隧道工程案例分析提供了力学参数。研究结果表明：含水率、动应力比和围压等条件对海相软土变形特性具有显著影响；含水率的变化显著调节颗粒间的润滑效应，中等含水率条件下颗粒表面形成的水膜有效降低了颗粒间的直接摩擦，进而减少了法向接触力，也导致切向接触力的减小。高含水率条件下，过量的水分减弱了颗粒间的相互作用，导致法向接触力的降低。动应力比的增加会造成法向接触力的波动，切向接触力增加，围压的提升增强了颗粒间的紧密接触，颗粒间的法向和切向接触力随之增加；随着含水率的增加，孔隙度敏感性增加，动应力比提高时，孔隙度增加，围压增加孔隙度减小；低动应力比条件下配位数变化不明显，高动应力比导致配位数波动增加，围压增加配位数显著增加；含水率和动应力比越大，颗粒位移越大，颗粒沿特定方向的有序移动，内部逐渐形成剪切带，而围压越大剪切带的形成越受到抑制。

参 考 文 献

[1] 黄文熙. 土的工程性质 [M]. 北京：水利水电出版社，1983.

[2] 沈珠江. 软土工程特性和软土地基设计 [J]. 岩土工程学报，1998，20（1）：100-111.

[3] 戴晨祥. 一维循环荷载作用下海相软土的宏微观动力特性分析 [D]. 杭州：浙江大学，2023.

[4] 徐新川. 天津滨海新区软土的微观结构特征和结合水特性研究 [D]. 长春：吉林大学，2016.

[5] Kim，AR，Chang，I，Cho，GC，Shim，SH. Strength and Dynamic Properties of Cement-Mixed Korean Marine Clays [J]. KSCE Journal of Civil Engineering，2018，22（4）：1150-1161.

[6] Huancollo HJM，Saboya F，Tibana S，McCartney JS，Borges RG. Thermal Triaxial Tests to Evaluate Improvement of Soft Marine Clay through Thermal Consolidation [J]. Geotechnical Testing Journal，2023，46（3）：579-597.

[7] Hassan，N. M. K. N，Wahid，S.，Abd Wahab，M. T. Geotechnical and minerology properties of marine clay at the northeast of penang island [C]. International Conference on Civil，Offshore & Environmental Engineering 2018（ICCOEE 2018），2018，4004-4016.

[8] Emmanuel，E，Anggraini，V，Raghunandan，ME，Asadi，A，Bouazza，A. Improving the engineering properties of a soft marine clay with forsteritic olivine [J]. European Journal of Environmental and Civil Engineering，2019，26（2）：519-546.

[9] Jostad，HP，Yannie，J. A procedure for determining long-term creep rates of soft clays by triaxial testing [J]. European Journal of Environmental and Civil Engineering，2022，26（7）：2600-2615.

[10] Jerman，J，Masín，D. Hypoplastic and viscohypoplastic models for soft clays with strength anisotropy [J]. International Journal for Numerical and Analytical Methods in Geomechanics，2020，44（10）：1396-1416.

[11] Nguyen，TN，Nguyen，TD，Bui，TS. Geotechnical Properties of Soft Marine Soil at Chan May Port，Vietnam [J]. Inzynieria Mineralna-Journal of the Polish Mineral Engineering Society，2021，2：207-215.

[12] 王清，肖树芳. 海积软土的工程地质研究现状 [J]. 世界地质，2000，（03）：253-257.

[13] 孔令伟，吕海波，汪稔，等. 海口某海域软土工程特性的微观机制浅析 [J]. 岩土力学，2002，（01）：36-40.

[14] Mi D，Luo J，Liu X，et al. Origin Distribution and Geotechnical Characters of Marine Soft Clay in Guangxi Coastal Highway [J]. Journal of Coastal Research，2019，94（SI）：269-274.

[15] 夏唐代，戴晨祥，等. 基于微观孔隙特性的动力固结压缩条件下海相软土的变形分析 [J]. 中南大学学报（自然科学版），2022，53（11）：4334-4347.

[16] 刘维正，李天雄，等. 珠海海相软土次固结变形特性及其系数取值研究 [J]. 铁道科学与工程学报，2022，19（05）：1309-1318.

[17] 刘维正，葛孟源，等. 南沙海相软土工程特性原位测试对比与统计规律分析 [J]. 岩土工程学报，2021，43（S2）：267-275.

[18] 刘鹏，黄容聘. 海相软土热力学本构模型研究 [J]. 地下空间与工程学报，2020，16（4）：1088-1095.

[19] 于俊杰，许圣华，等. 宁德海相软黏土工程特性与沉积环境初探 [J]. 工程地质学报，2021，29（4）：1207-1215.

[20] 朱楠，张静娟，等. 湿地湖泊相黏土应力-应变及屈服特性试验 [J]. 哈尔滨工业大学学报，2020，52（11）：183-191.

[21]　陶勇，杨平，等 . 冻融作用对海相软土压缩性及抗剪强度影响研究 ［J］. 冰川冻土，2019，41
　　　（3）：637-645.

[22]　何绍衡，郑晴晴，等 . 考虑时间间歇效应的地铁列车荷载下海相软土长期动力特性试验研究 ［J］.
　　　岩石力学与工程学报，2019，38（2）：353-364.

[23]　Xiao-ping C. Consolidation effect of soft soil in interactive marine and terrestrial deposit ［J］. Chi-
　　　nese Journal of Geotechnical Engineering，2011，33（4）：520.

[24]　Jiao W，Zhou D，Wang Y. Effects of clay content on pore structure characteristics of marine soft
　　　soil ［J］. Water，2021，13（9）：1160.

[25]　齐剑峰 . 饱和黏土循环剪切特性与软化变形的研究 ［D］. 大连：大连理工大学，2007.

[26]　Dai C X，Zhang Q F，He S H，et al. Variation in micro-pores during dynamic consolidation and
　　　compression of soft marine soil ［J］. Journal of Marine Science and Engineering，2021，9
　　　（7）：750.

[27]　Ding Z，Kong B，Wei X，et al. Laboratory testing to research the micro-structure and dynamic
　　　characteristics of frozen-thawed marine soft soil ［J］. Journal of Marine Science and Engineering，
　　　2019，7（4）：85.

[28]　Viens L，Bonilla L F，Spica Z J，et al. Nonlinear earthquake response of marine sediments with dis-
　　　tributed acoustic sensing ［J］. Geophysical Research Letters，2022，49（21）：e2022GL100122.

[29]　Hu H，Fang Z. Test and research on rheology dynamic characteristics of marine deposit soft soil un-
　　　der dynamic loading in Xiamen ［C］//2010 International Conference on Mechanic Automation and
　　　Control Engineering. IEEE，2010：4862-4865.

[30]　Yang Q，Ren Y，Niu J，et al. Characteristics of soft marine clay under cyclic loading：A review
　　　［J］. Bulletin of Engineering Geology and the Environment，2018，77：1027-1046.

[31]　Lu Y，Fu W，Xue D. Deformation Characteristics of Soft Marine Soil Tested under Cyclic Loading
　　　with Low Frequency ［J］. Advances in Civil Engineering，2020：1-13.

[32]　Qiao F，Bo J S，Qi W H，et al. Study on the dynamic characteristics of soft soil ［J］. RSC ad-
　　　vances，2020，10（8）：4630-4639.

[33]　闫春岭，唐益群，等 . 地铁荷载下饱和软黏土累积变形特性 ［J］. 同济大学学报：自然科学版，
　　　2011，39（7）：978-982.

[34]　丁智，张涛，魏新江，等 . 排水条件对不同固结度软黏土动力特性影响试验研究 ［J］. 岩土工程
　　　学报，2015，37（5）：893-899.

[35]　丁祖德，彭立敏，施成华，等 . 循环荷载作用下富水砂质泥岩动变形特性试验研究 ［J］. 岩土工
　　　程学报，2012，（3）：533-539.

[36]　李剑，陈善雄，姜领发，等 . 应力历史对重塑红黏土动力特性影响的试验研究 ［J］. 岩土工程学
　　　报，2014，（9）：1657-1665.

[37]　孙磊 . 单向循环荷载下超固结软黏土的永久变形特性 ［J］. 地下空间与工程学报，2020，16（4）：
　　　1048-1055.

[38]　Dong W，Hu X，Zhang Y，et al. Dynamic characteristics of marine soft clay under variable phase
　　　difference and initial static shear stress ［J］. Marine Georesources & Geotechnology，2019，38
　　　（7）：1-16.

[39]　冷伍明，刘文劼，赵春彦，等 . 重载铁路路基压实粗颗粒土填料动力破坏规律试验研究 ［J］. 岩
　　　土力学，2015，36（3）：640-646.

[40]　孟庆山，汪稔，等 . 动力固结后饱和软土三轴剪切性状的试验研究 ［J］. 岩石力学与工程学报，
　　　2005，（22）：4024-4029.

[41] Monismith C L. Pavement and soil characteristics [M]. Transportation Research Record，1975，537：1-17.

[42] Li D，Selig E. Cumulative plastic deformation for fine-grained subgrade soils-Closure [J]. Journal of Geotechnical and Geoenvironmental Engineering，1998，124 (11)：1154.

[43] Chai J C，Miura N. Traffic-load-induced permanent deformation of road on softsubsoil [J]. Journal of Geotechnical and Geoenvironmental Engineering，2002，128 (11)：907-916.

[44] Cullingf G，Parr G，Lashine A. Servo-controlled equipment for dynamic triaxialtesting of soils [J]. Geotechnique，1972，22 (3)：526.

[45] Barksdale R. Repeated load test evahuation of base course materials [J]. Fatigue，1972，(537)：161-174.

[46] 周健，屠洪权. 动力荷载作用下软黏土的残余变形计算模式 [J]. 岩土力学，1996，17 (1)：53-60.

[47] 刘一亮，杨起敬. 周期荷载下软土残余变形的模型试验研究 [J]. 武汉水利电力学院学报，1992，25 (4)：353-361.

[48] 刘维正，石志国，章定文，等. 交通荷载作用下结构性软土地基长期沉降计算 [J]. 东南大学学报（自然科学版），2018，48 (4)：726-735.

[49] Cundall PA，Strack ODL. The Distinct Element Method as a Tool for Research in Granular Media：Part IL. Report to the National Science Foundation，Minnesota：University of Minnesota，1979.

[50] Stefan van Baars. Discrete Element Analysis of Granular Materials [D]. Nederland：Proefschrift Technische Universiteit Delf，1996.

[51] Williams JR，Rege N. The development of circulation cell structures in granular materials undergoing compression [J]. Power Technology，1997，90：187-194.

[52] Mc Dowell GR & Harireche O. Discrete element modelling of soil particle fracture [J]. Geotechnique 52，No. 2，131-135.

[53] Tian Y，Wang L，Jin H，et al. Failure mechanism of horizontal layered rock slope under the coupling of earthquake and weathering [J]. Advances in Civil Engineering，2020：1-19.

[54] He Z，Xiang D，Liu Y. Triaxial creep test and particle flow simulation of coarse-grained soil embankment filler [J]. Frontiers in Earth Science，2020，8：62.

[55] 邵磊，迟世春，等. 堆石料大三轴试验的细观模拟 [J]. 岩土力学，2009，30 (S1)：239-243.

[56] Zhang Z，Guo Y，Tian Y，et al. Macroscopic and mesoscopic mechanical properties of mine tailings with different dry densities under different confining pressures [J]. Geofluids，2020：1-12.

[57] Jia-ming Z，Yong-qiang R，Xiao-quan S，et al. Feasible use of particle-flow virtual test for the mechanical properties mixed soil [C] //AIP Conference Proceedings. American Institute of Physics，2013，1542 (1)：284-288.

[58] Castro-Filgueira U，Alejano L R，Ivars D M. Particle flow code simulation of intact and fissured granitic rock samples [J]. Journal of Rock Mechanics and Geotechnical Engineering，2020，12 (5)：960-974.

[59] Liu H，Wang F，Shi M，et al. Mechanical behavior of polyurethane polymer materials under triaxial cyclic loading：a particle flow code approach [J]. Journal of Wuhan University of Technology-Mater. Sci. Ed.，2018，33：980-986.

[60] Zhao H，Shao L，Ji S. Numerical simulation of triaxial test on the dense sand by DEM [M] //Instrumentation，Testing，and Modeling of Soil and Rock Behavior. 2011：233-241.

[61] Zhang W，Zhao C，Zhang Y. Particle flow simulation of constitutive behavior of sands [C]//IOP Conference Series：Earth and Environmental Science. IOP Publishing，2020，474 (7)：072076.

［62］ Liu W B，Su L J，Chen Z Y，et al. Use of PFC2D for simulation of triaxial compression test for re inforced earth and analysis of sand particle's movement ［J］. Advanced Materials Research，2012，446：1846-1852.

［63］ Wang Z，Li G，Wang A，et al. Numerical simulation study of stratum subsidence induced by sand leakage in tunnel lining based on particle flow software ［J］. Geotechnical and Geological Engineering，2020，38：3954-3965.

［64］ Jian Z，Gang Z，Qingyou Z. Model tests and PFC 2D numerical analysis of active laterally loaded piles ［J］. Chinese Journal of Geotechnical Engineering，2007，29（5）：650-656.

［65］ Jia X，Chai H，Yan Z，et al. PFC2D simulation research on vibrating compaction test of soil and rock aggregate mixture ［C］//Bearing Capacity of Roads，Railways and Airfields. 8th International Conference（BCR2A'09）University of Illinois，Urbana-Champaign. 2009.

［66］ Powrie W，Ni Q，Harkness R M，et al. Numerical modelling of plane strain tests on sands using a particulate approach ［J］. Géotechnique，2005，55（4）：297-306.

［67］ Hou J，Zhang M，Li P. Simulation study of foundations reinforced with horizontal-vertical inclusions using particle flow code ［J］. Journal of Shanghai Jiaotong University（Science），2013，18：311-316.

［68］ Jian Z，Yan S，Yong C. Simulation of soil properties by particle flow code ［J］. Chinese Journal of Geotechnical Engineering，2006，28（3）：390-396.